HMS BEAGLE, AUX ORIGINES DE DARWIN

다윈의 기원 비글호 여행

파비앵 그롤로 글 & 제레미 루아예 그림
김두리 옮김

이데아

서문

1831년~1836년. 쥘 베른이었다면 '5년간의 여행'이라고 이름 붙였을 여정에서, 조금은 무모하게 영국 군함 비글호에 올랐던 스물두 살 청년 찰스 다윈은 어엿한 과학자가 되어 돌아왔습니다.

5년간, 비글호는 전 세계를 두루 돌아다녔으며, 그 복잡한 여정을 그림으로 재현하는 것은 불가능합니다. 더욱이 진화론을 정립하는 위대한 이론가의 생애에서 중요한 5년간의 여정을 요약하는 것이 이 책의 목적은 아닙니다. 그 몫은 역사가들에게 있습니다.

오히려 이 책이 보여주고자 하는 것은 다름 아닌, 비글호 여행에 나선 개인의 시선입니다. 젊은 시절 다윈이 경험한 수많은 모험들 중에 장소와 인물, 일화 등을 선택해 실어야 했던 이유도 그 때문입니다.

비록 그것이 다윈의 여행에 관한 주관적이고 다소 허구적인 시선일지라도, 그 시선은 한 사람을 변화시키고 과학계를 완전히 뒤바꿔놓은 전설적인 여행에서 어느 특별한 인물의 운명을 상상할 수 있도록 도와줄 것입니다.

즐거운 독서가 되길 바랍니다.

파비앵 그롤로

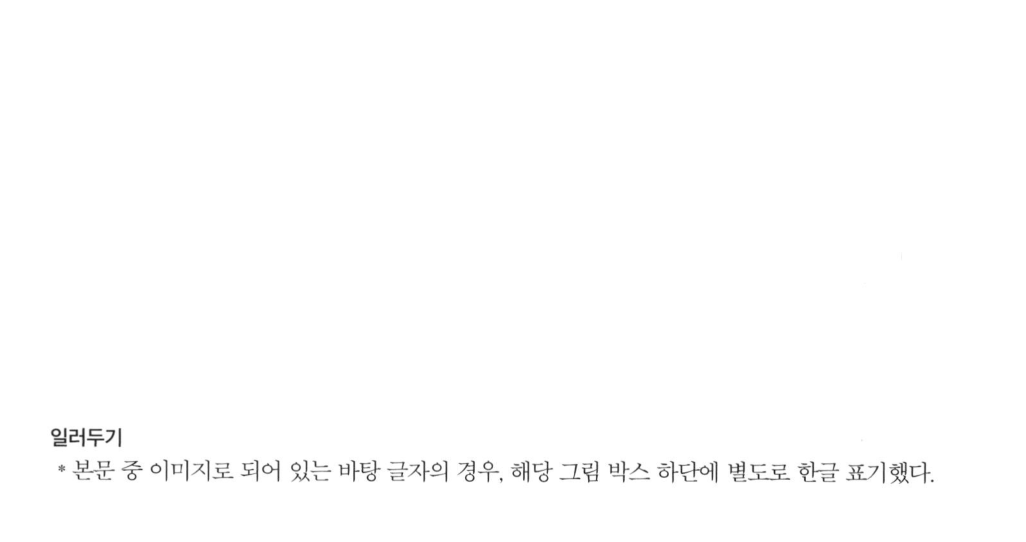

일러두기

* 본문 중 이미지로 되어 있는 바탕 글자의 경우, 해당 그림 박스 하단에 별도로 한글 표기했다.

* 당근, 구스베리 / 순무, 배- 도토리

* 호러스 다윈 경

이건
아빠 원고잖아?!
아빠가 주신 거예요!

그래, 맞아.
걱정할 필요 없소,
초안일 뿐이니까.
글은 옮겨 적고 나서
아이들한테 주었으니,
그냥 내버려둬요.

그래도 원고인데,
보관하는 편이
낫지 않겠어요?
나 원, 됐다니까!
넌 뭘 그리고 있니,
엘리자베스?
침팬지 가족,
그러니까 유인원들이요,
어떠세요?
이건 엄마 지라,
이건 아빠
코르넬리우스예요.
하하하! 유인원?
멋지구나!

"나는 영국 군함 '비글호'에
박물학자 자격으로 승선해
항해하는 동안,"
응, 내 초안의
머리말이로군.

"남아메리카에 서식하는 생물의
분포에서 몇 가지 사실을 발견하고
큰 충격을 받았다."

"이 사실들은 한 위대한 철학자가 '신비 중의 신비'라고 묘사했던 종의 기원에 서광을 비추는 것 같았다."

훔볼트. 내가 젊었을 때 흠모하던 작가였지.
우와! 아빠, "신부 중의 신비"요? 그게 뭐예요?

정말 알고 싶니? 사실 조금 복잡하단다.
아빠가 군함에 타셨어요?

그래, 비글호였지. 벌써 수십 년 전 일이란다.

애들아, 아빠가 이야기 들려주신대. 어서 와보렴.
네에!

볼일 보고 금방 올게요.
그래요. 애들은 나한테 맡겨요.
자, 나의 비글호 모험은 1831년에 시작된다. 내가 케임브리지 대학을 갓 졸업했을 때였지.
난 공부하기보다 숲에서 사냥하고 산책하기를 좋아하던 철없는 사내였다.
자연과학에 흠뻑 빠져 있었지만, 성직자가 되려 했어…
솔직히 너희 할아버지의 성화를 못 이긴 탓이었다.

어느 날, 옛 은사이신
존경하는 헨슬로 교수님께서
내게 추천서를 보내셨다.
그분은 내가 과학자 자격으로
비글호 일행에 합류하기를
권하셨어. 비글호는 4주
후에 항해를 떠나서…
2년 동안 남아메리카
해안선 지도를 완성하는
임무를 수행할 예정이었다.
교양이 풍부한 피츠로이
함장이 여행에 동행할
학자를 구했고,
그가 선택한
사람이 나였다.
그때만 해도 항해가
5년 가까이 지속되고,
내가 세계 일주를 하게
될 줄 몰랐다.
내가 사막을 가로지르고
열대림을 거닐고 수천 종의
생물들과 과거의 흔적들을
발견할 줄이야…

항해는 내가 최초의 인류와 다름없는 모습으로 살아가는 사람들을 대면하고
또한 인간의 야만성을 직시하고, 새로운 사실에 눈뜨게 만들었다.
내가 5년간의 항해로 얻은 과학적 직관은 내 여생을 바꿔놓았다.
다윈의 기원 비글호 여행

1831년 12월 25일, 대븐포트
아! 이 폭우! 이 폭우! 이젠 지긋지긋해요!

두 달! 비가 두 달이나 그칠 줄 모르고 쏟아지다니!

지금쯤 아메리카 대륙에 있어야 하는데!
어서 먹으렴, 찰스. 음식 식겠다.
조금 늦어지는 것뿐이야. 날씨는 조만간 갤 게다.
일단 앉아서…

가족들을 떠나는 건 죽도록 싫지만, 떠나지 못하는 건 죽기보다 싫어요!

이렇게 기다리고만 있어야 한다니! 정말 못 참겠어요! 시간 낭비라고요!

성탄절을 맞아서 내 아들 찰스의 여행을 위해 건배하마!

찰스?
찰스!

별일 아녜요. 괜찮아요…
조용히 해라, 의사는 나다!

괜찮아요, 아버지, 가슴이 두근거리는 것뿐이에요…

피츠로이 함장님이 아시는 날엔 저를 승선 못하게 하실 거예요.

여행 계획이 수포로 돌아가면 정말 큰일 나요!
전 반드시 가야 해요, 아시겠죠?

음, 상태가 그리 심각하진 않다만, 발작이 잦아지면 여행을 만류하는 수밖에…

하하하! 로버트, 매부가 약속한 일 아닙니까! 허락해주세요!

흠… 그렇지만, 자꾸 내가 실수를 한 건 아닌가 하는 생각이 드네. 어디 시간 낭비뿐이겠나?
최악의 경우, 찰스는 평판까지 잃을 수 있어! 그건 미래의 성직자에게 중요한 문제야.

처남이 찰스의 터무니없는 계획을 지지했을 때 내가 약속했지, 아버지로선 그 약속을 철회할 생각이 없네.
다만 조사이어, 난 의사로서 허약 체질인 녀석이 과연 항해를 떠나는 게 마땅한가 염려되는 것일세.

매부, 찰스는 조급증을
내다가 탈이 난 것뿐이에요!

제가 매부처럼 의사는 아니지만,
찰스는 비글호가 출항하는 대로
곧장 씻은 듯이 나을 겁니다.

아버지, 전
'반드시' 가야 해요!

MS BEAGLE

* 비글호

1831년 12월 27일, 대븐포트

찰스? 일어나보렴.
누가 널 찾아왔다.
아주 급하신 모양이야.

나가요.
무슨 일이세요?

함께 가시죠,
다윈 선생. 배에
승선할 채비하세요.
오 하느님.

네? 뭐라고요?
지금요?
비글호에 실은
짐 외에 다른
짐은 없으시죠?

다 됐어요,
갈게요!
찰스,
기다려!

우리가 준비한
작별 선물이다.
멋진 노트네요!
잘 쓸게요, 고마워요.
다윈,
시간 없어요!

다녀올게요, 아버지
어머니, 2년 후에
봬요! 편지할게요!

그래, 첫
항해인가 보죠,
젊은 선생?
네,
긴장돼요.

이를 어쩌나! 몸도
약한 애가 손수건을 안
챙겼네, 오 하느님, 오
하느님, 오 하느님!

다 잘 될 겁니다.
피츠로이 함장님은
젊지만 유능한 분이죠!

드디어
그날이 왔어!
난 당신의 발자취를
따라갈 거예요, 존경하는
알렉산더 폰 훔볼트 남작!
머지않아 첫 번째 기항지이자
그토록 꿈에 그리던 테네리페
섬에서, 당신이 기행에서 묘사한
놀라운 용혈수(龍血樹)를
보게 되겠죠.
아메리카, 안데스 산맥,
그리고 누가 알겠어요?
더 멀리 갈지?

그래도 그분이
비글호의 저주를
피하셔야 할 텐데.
네?

예전 함장님이 먼바다의
고독을 견디지 못하고
자살하지 않았습니까,
모르셨어요?
아, 다 왔네요.

영국 군함
비글호입니다,
다윈 선생.

이것 봐,
왜들 꾸물거려?
함장님이 정오 전에
닻을 올리실
거라고! 빨리 빨리!

위컴 대위님,
이분이 그 젊은…
조심해요!

BLAM

* 콰직!

정신 나간 놈들!
영문을 모르겠습니다, 대위님!

BOM BOM BOM BOM BOM BOM BOM BOM BOM BOM

* 두근두근

선생, 하마터면 큰일날 뻔했어요!
다윈? 괜찮아요?
BOM BOM BOM BOM BOM BOM BOM BOM

* 두근두근

뭣들 하는 거야, 이러다 날 새겠어!

영차, 영차, 영차!

위컴 대위님, 이분이 새로 오신…

아! 선생이 그 '박물학자'이십니까?
네, 제가…

2년간 차차 알게 되겠죠, 지금은 바빠서 이만. 이분께 선실을 안내해드리게.

이쪽으로.

아…

죄…
죄송해요.

선생, 서둘러요!
네, 네…
저들은 누구죠?

아!
저 세 사람은
피츠로이 함장의
인디오들입니다.
신경쓰지 마세요.

여기예요,
해먹에 짐 푸시고요,
조심하세요…

램프에 부딪히니까.
전 이만
가보겠습니다.
BIM
*탁

맙소사,
이건 악몽이야!

그건 이미
임자가 있네!

사실, 모두 임자가 있지.
선생 것은 저 구석에 있소.

마텐스요,
콘래드 마텐스.
찰스 다윈
입니다.

난 비글호의
화가예요.
아! 반갑습니다,
저는…

선생을 알다마다.
함장의 길동무
아닌가?
네?

그분이 식사 자리에서
따분해하지 않도록
주의하시게.
아니에요! 저는
과학자로 여기에 온…

다윈! 피츠로이
함장님이 찾으시네!

똑 똑 똑

들어와요!

아, 찰스! 어서 오게! 짐은 다 풀었나?

네, 함장님, 절 부르셨다고요?
별일은 없고? 드디어 떠나게 된 소감이 어떤가?

사실, 긴장도 되지만… 아니! 이게 다 뭐예요?

라마르크
애로스미스
쿡
바이런
퀴비에
내 오랜 친구 헨슬로까지.
세상에, 로버트, 케임브리지 대학 도서관을 쓸어오기라도 한 거예요?

그야, 2년간의 여행에서
약간의 읽을거리가
필요할 테니까…

훔볼트의
《자연관》도 있네요.
라이엘도요!

마침 잘 됐군!
자, 환영 선물이야.
고맙습니다,
함장님!

찰스 라이엘, 《지질학 원리.
…지표면의 과거의 변화를
설명하기 위한 시도》.

자네한테 도움이 될 것
같았어. 그 책을 읽어
봤나?
아니요, 아직요. 하지만
찰스 라이엘은 부친의
친구분이시고, 제가 정말
존경하는 학자세요.

나는 아주 흥미롭게
읽었네만, 라이엘이란
학자의 가설들은 적어도
이단적이야…
똑 똑
들어오게!

함장님, 언제든
분부 내리십시오.
그는 지구의 나이가
성경에서 말하는 것보다
훨씬 오래됐을 거라더군.

책을 읽어보고 함께
이야기 나누세. 지금은
이만 실례하겠네.

준비됐습니다,
함장님!

좋아. 위컴 대위,
출항 명령을 내리게,
선수를 남쪽으로.
앞돛을 올려라!

닻줄을 풀어라!

주돛을 돌려라!

?

하하! 첫 항해인가,
다윈?
벌써 출구를
찾는 거야?

비글호 승선을
환영하네!
하하하!

2년! 긴 여행이
되겠어…

긴긴 여행이…

제1장
영국~카보베르데 제도~브라질
다윈, 테네리페 섬 대신 경유한 카보베르데 제도에서
지질학적 발견을 하고 대서양을 가로지르다.

다윈 선생님?
아, 커빙턴, 배가 흔들리지 않는 걸 보니 어딘가 도착한 모양이지?

네, 해안가에 접근했어요. 몸은 어떠세요, 선생님?
살아 있는 게 놀라울 따름이야. 고마워, 심스.

1832년 1월 6일, 카나리아 제도
바깥공기를 쐬면 한결 좋아지실 거예요.

카나리아 제도다! 테네리페야!
드디어! 살았어!

함장님! 함장님! 카누 한 척이 필요해요. 전 섬에 가야겠어요!

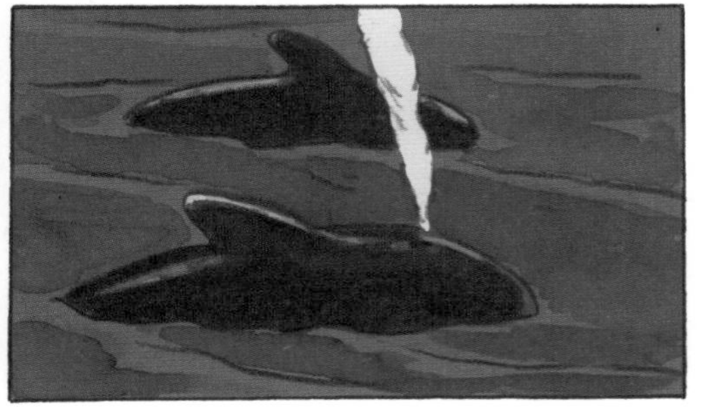

진정해, 다윈!

저기 저 요새가
보이나?
산타크루즈 데
테네리페 아닌가요?

지도 공부를 참
열심히 했군. 그럼 저기에
저 경비정은?
제 시력을 테스트하시는
건 아니죠, 함장님?

찰스, 저 함정이 저 항구에서
우리 함선의 선착을 거부한다는
통보를 내게 막 알려왔네.
이 작은 나라의 모든 항구에서
똑같은 조치가 내려졌어!
네? 도대체
왜요?

테네리페 섬 주민들이 영국에
콜레라가 창궐했다는 소문을 들은
거지. 그래서 영국 선원들이 땅에 발도
못 붙이게 하는 거야.
하지만 선원들은
콜레라에 감염되지 않은
걸요! 어떻게 하죠,
함장님?

제군들,
카보베르데로 가자.
돛을 모두 펼쳐라!

한처음에 하느님께서 하늘과 땅을 지어내셨다.

땅은 아직 모양을 갖추지 않고 아무것도 생기지 않았는데, 어둠이 깊은 물 위에 뒤덮여 있었고 그 물 위에 하느님의 기운이 휘돌고 있었다.
하느님께서 "빛이 생겨라!" 하시자 빛이 생겨났다.

다윈! 뭐하는 거야, 도대체!
몸이 말을 듣지 않아요.

하느님께서는 이렇게 만드신 두 큰 빛 가운데서 더 큰 빛은 낮을 다스리게 하시고 작은 빛은 밤을 다스리게 하셨다. 또 별들도 만드셨다.

하느님께서는 이 빛나는 것들을 하늘 창공에 걸어놓고 땅을 비추게 하셨다.

이리하여 밝음과 어둠을 갈라놓으시고 낮과 밤을 다스리게 하셨다. 하느님께서 보시니 참 좋았다.
이렇게 나흗날도 밤, 낮 하루가 지났다.
하느님께서 "바다에는 고기가 생겨 우글거리고 땅 위 하늘 창공 아래에는 새들이 생겨 날아다녀라!" 하시자 그대로 되었다.

이리하여 하느님께서는
큰 물고기와 물속에서 우글거리는
온갖 고기와 날아다니는 온갖 새들을
지어내셨다. 하느님께서 보시니
참 좋았다.
이렇게 닷샛날도
밤, 낮 하루가 지났다.
하느님께서는 이렇게
온갖 들짐승과 집짐승과 땅 위를
기어다니는 길짐승을 만드셨다.
하느님께서 보시니 참 좋았다.

하느님께서는 "우리 모습을 닮은 사람을 만들자! 그래서 바다의 고기와 공중의 새, 또 집짐승과 모든 들짐승과 땅 위를 기어다니는 모든 길짐승을 다스리게 하자!" 하시고
당신의 모습대로 사람을 지어내셨다. 하느님의 모습대로 사람을 지어내시되 남자와 여자로 지어내시고
하느님께서는 그들에게 복을 내려주시며 말씀하셨다. "자식을 낳고 번성하여 온 땅에 퍼져서 땅을 정복하여라. 바다의 고기와 공중의 새와 땅 위를 돌아다니는 모든 짐승을 부려라."

이렇게 만드신 모든 것을 하느님께서 보시니 참 좋았다. 엿샛날…

으윽, 도저히 안 되겠어요, 현기증이…

계속하지요. 엿샛날도 밤, 낮 하루가 지났다.

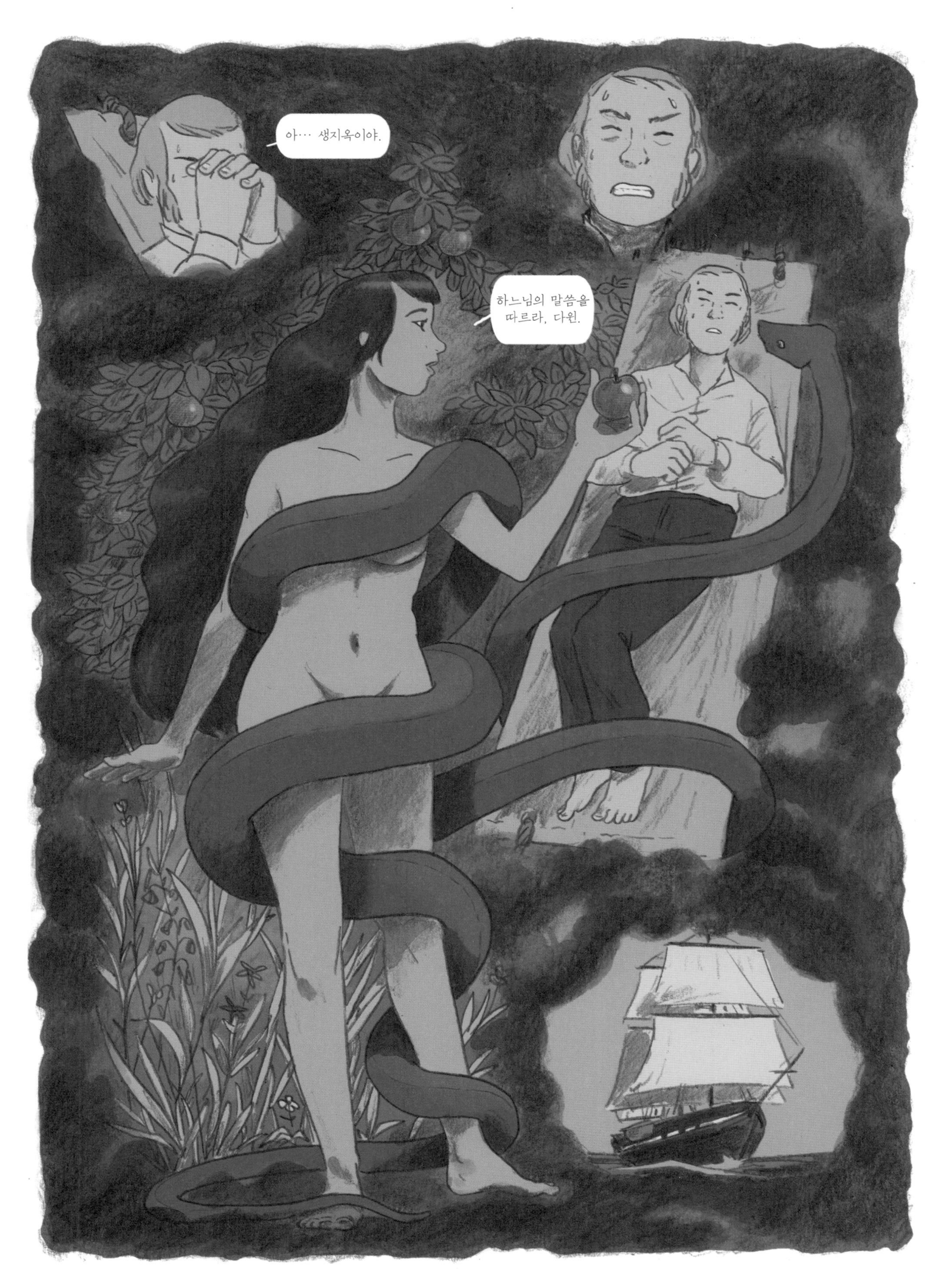
아… 생지옥이야.
하느님의 말씀을 따르라, 다윈.

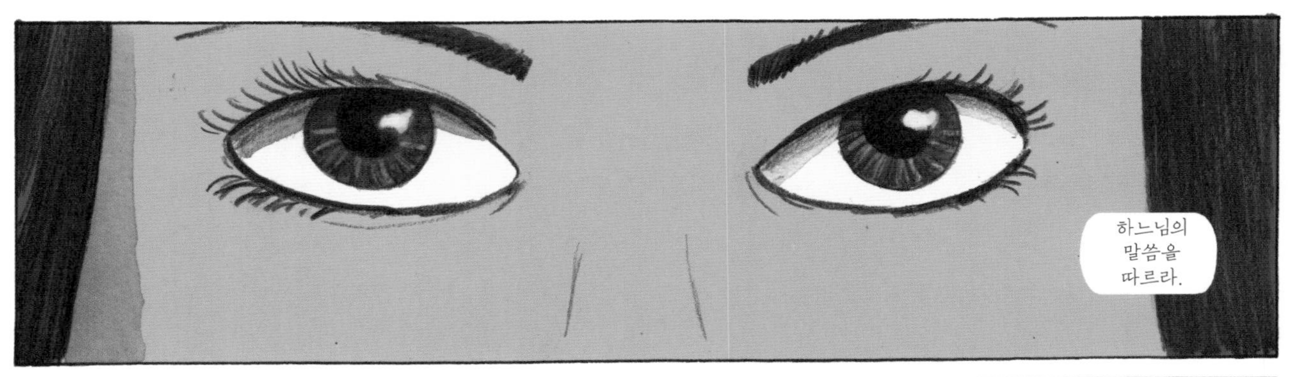
하느님의
말씀을
따르라.

1832년 1월 16일, 카보베르데 제도, 포르투 프라이아
우와!

드디어 육…

육지다!
하하하!

어이 다윈,
물 만난 고기 같군!
이제야 살 것
같아요!

조심해요, 찰스!
지형이 험난해서 길을
잃기 쉬워요!
불쌍한 친구, 비글호에서는
정신도 못 차리더니
무모하게 행동하는군.
저러다 큰일나겠어.

누가 첫 항해 아니랄까봐
물도 모자도 안 챙기다니,
얼마 못 가 돌아올 거예요.
곧 배우겠지.

그때까진 자네가
탐험을 함께하게, 카터.
자네는 섬을 잘 알지 않나.
저 친구한테 무슨
일이라도 생기면,
함장이 우리를
가만두지 않을 거야.

으! 내가 무슨
어린애인 줄 아나?

푹푹 찌는군!

앞으로는 모자를
꼭 챙기세요.

BOM BOM
BOM
BOM BOM BOM
BOM BOM BOM
BOM BOM
BOM BOM
BOM
BOM

*둥둥둥

라이엘
선생님께

선생님께 약속드렸다시피,
첫 기항지인 카보베르데
제도에서 채집한 몇 가지
표본을 보냅니다.

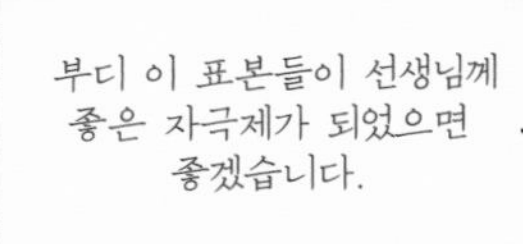
부디 이 표본들이 선생님께
좋은 자극제가 되었으면
좋겠습니다.

이곳은 험준하고 척박하지만,
선생님의 《지질학 원리》를
탐독하는 제게는 단순한
풍경으로 보이지 않습니다.

이곳에는 특히, 하얀 지층
띠가 해안절벽을 따라
뻗어 있습니다.
선생님께서 지금 받으시는
광물들은 그곳에서
채취한 것입니다.

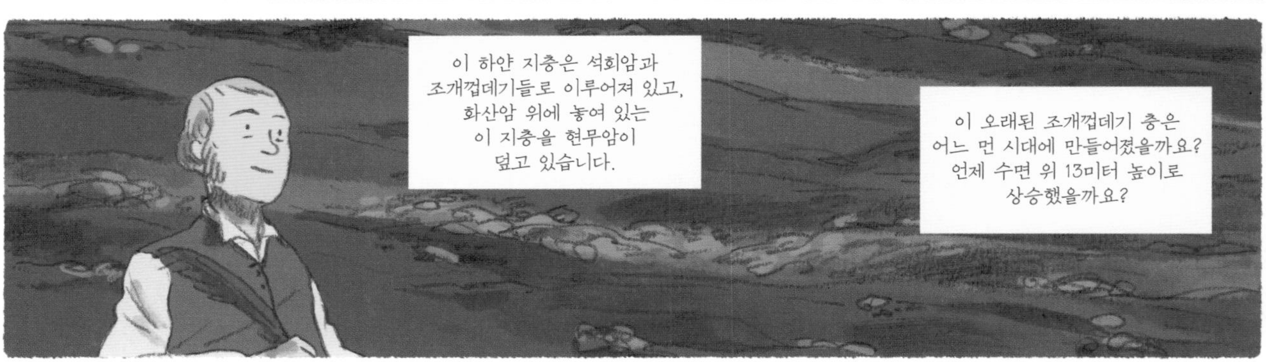
이 하얀 지층은 석회암과
조개껍데기들로 이루어져 있고,
화산암 위에 놓여 있는
이 지층을 현무암이
덮고 있습니다.
이 오래된 조개껍데기 층은
어느 먼 시대에 만들어졌을까요?
언제 수면 위 13미터 높이로
상승했을까요?

저는 선생님의 글을 읽고
퀴비에의 격변설을 더 이상
믿지 않게 되었습니다.

이 땅은 절대, 갑작스러운
화산의 분화로 한 번에 융기된
것이 아닙니다. 이곳의 지질이
선생님의 주장을 뒷받침하지요…

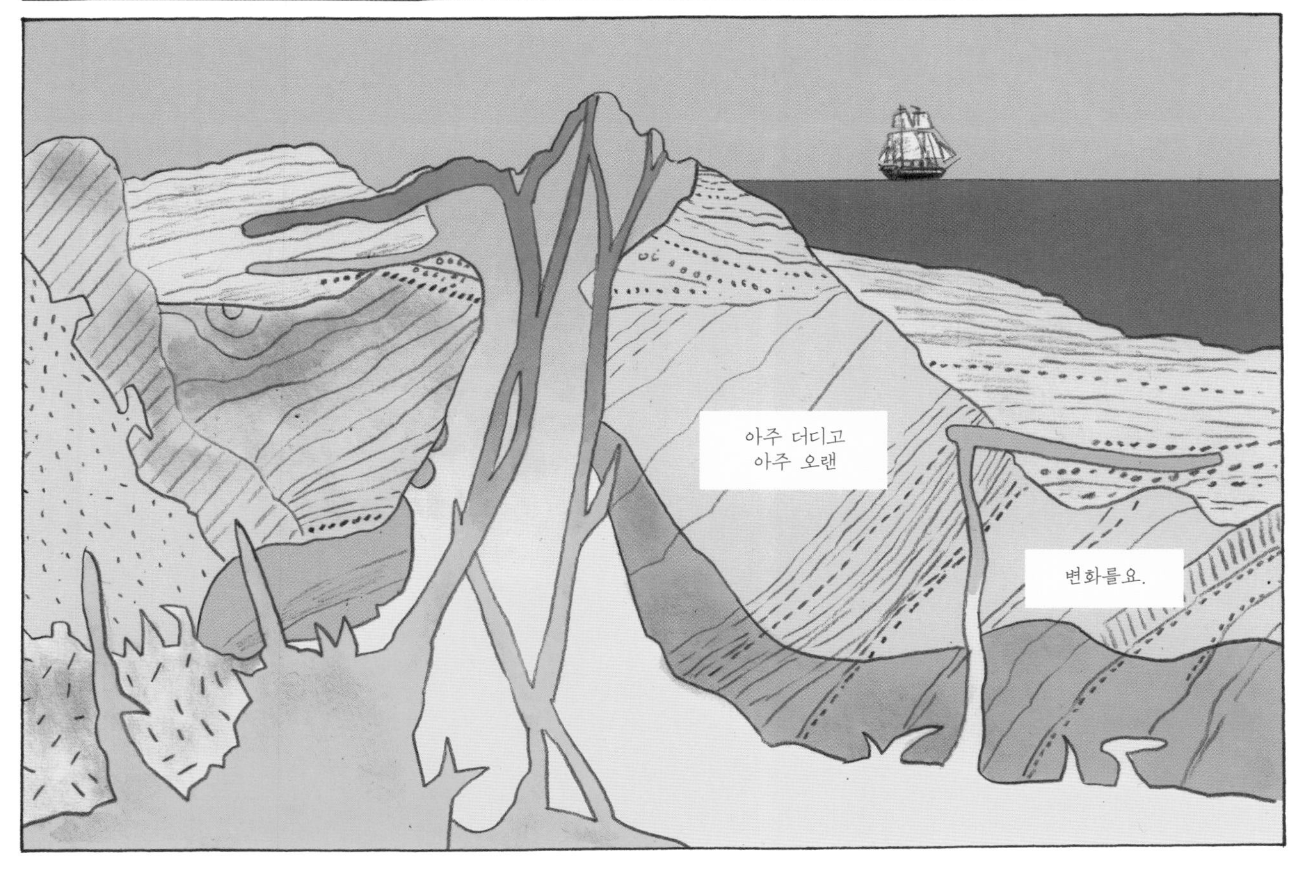
아주 더디고
아주 오랜
변화를요.

*우르릉 쾅

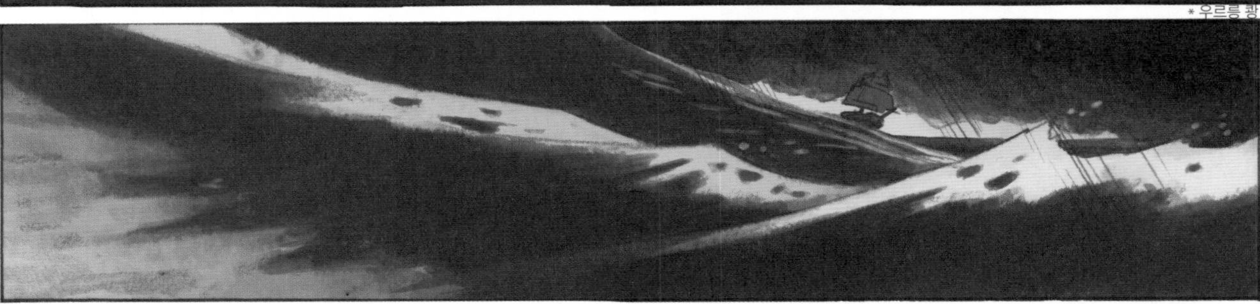

다윈!
제정신이야?!

전…
당장 들어가!

제미, 선생을
선실로 데려가!
어서!

히히히,
불쌍한 친구!

불쌍한
친구.
HA HA HA HA HA HA HA

* 하하하

불쌍한 친구!

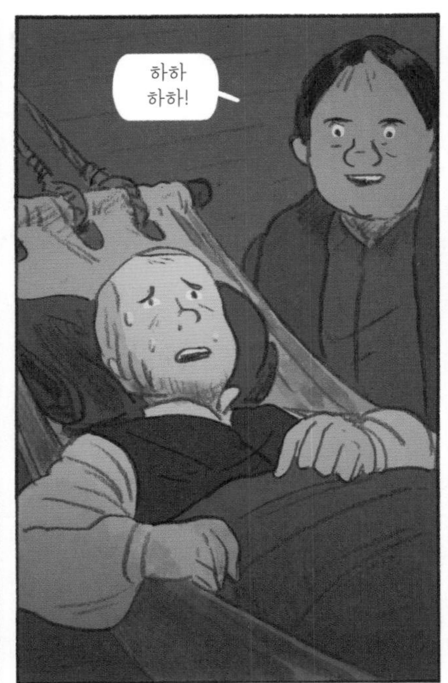
하하
하하!

하하
하하!

가엾은 제미 버튼.

콘래드,
당신이에요?

제미와
세 인디오에 관한
비밀이 도대체
뭐예요?
아무도
알려주지
않아요.

오늘밤에
그 추악한 이야기를
정말 듣고 싶은 겐가?
상태가
그 지경인데?

이보다 더
나쁠 순 없겠죠…

비글호의 첫 번째
함장이었던 스토크스
함장에게 무슨 일이
일어났는지 알 거야.
그가 티에라델푸에고
제도에서 목숨을 끊고
피츠로이가 함장이 되었지.
피츠로이는
고작 22살이었어.

어느 날,
한 인디오들이 그의
보트 한 척을 훔쳤네.

처벌은 뭐랄까,
본때를 보이기 위한
거였달까?

피츠로이는 인질을
붙잡아서 원주민들을
모두 혼쭐내기로
마음먹었지.
아이 셋, 어른 한
명이 붙잡혔네.

그는 내심 미개한 그들을
참된 신앙을 통해 구원의
길로 이끌려 했던 거야.
그는 그들에게
기독교식 이름을
부여했어.
유일한 어른이었던
'요크 민스터'는 그가
붙잡힌 곳의 이름이지.

어린 '보트 메모리'는 영국
땅을 밟기도 전에 백인들의
재앙인 천연두로 사망했어.

'푸에기아 바스켓'은 편물 바구니같이
생긴 인디오들의 가는 쪽배란 뜻이야.

그리고 '제미 버튼'은 그와 진주 단추를 맞바꾼 기념으로 갖게 된 이름이지.

이게 바로 한 사람의 가치야, 다윈. 기껏 진주 단추 하나.

하지만 피츠로이는 해냈어. 그는 어린 미개인들을 진정한 영국의 소시민으로, 성숙한 신교도들로 바꿔놓았지.

푸에기아는 이제 상당한 언어적 재능을 가진 교양 있는 숙녀가 됐네.

키 작고 살진 체구의 선량한 제미는 향수를 뿌리고 머리를 손질하고 언제나 손색없는 옷차림이지.
그는 매슈스 신부의 미사에 빠지는 법이 없어.

요크 민스터만이 아직도 인디오의 매서운 눈빛을 가지고 있네.
아무래도 다 알만 한 나이에 붙잡힌 탓이겠지?

민스터를 조심해, 다윈.
자네가 푸에기아에 관심을 가지는 건 알겠네만, 푸에기아는 민스터와 약혼한 사이야.
제가요?
그렇지 않아요!
하지만 그들이 왜 비글호에 승선한 거죠? 영국에 그냥 머물러 있을 수는 없나요?
정말 순진하군, 과학자 양반. 피츠로이는 그들을 고향땅에 데려가는 거야.

그들의 선교는 시작됐어. 그들은 티에라델푸에고에 하느님의 말씀을 전하러 가는 거야.
아멘.

제2장
브라질~아르헨티나~우루과이
파타고니아
다윈, 울창하고 아름다운 브라질 열대림과 인간 지옥을 경험하고
모험가의 인생, 화석으로 남은 기이한 생물의 일생을 발견하다.

1832년 2월 29일,
브라질 바이아
얼마나 즐거운
하루였던가!
하지만 처음으로 혼자
브라질 숲을 거닌
박물학자의 기분을
'즐겁다'라는 말로는
다 표현할 수 없다.
우아한 풀, 진기한
기생식물, 아름다운 꽃,
선명한 초록색 나뭇잎…

싱그럽고 찬연한
녹음이 감탄을
자아낸다.

?
하하하!

박물학을 좋아하는
사람에겐 오늘 같은 하루는
즐겁고,
더할 나위 없이
기쁜 날이다.
하하하!

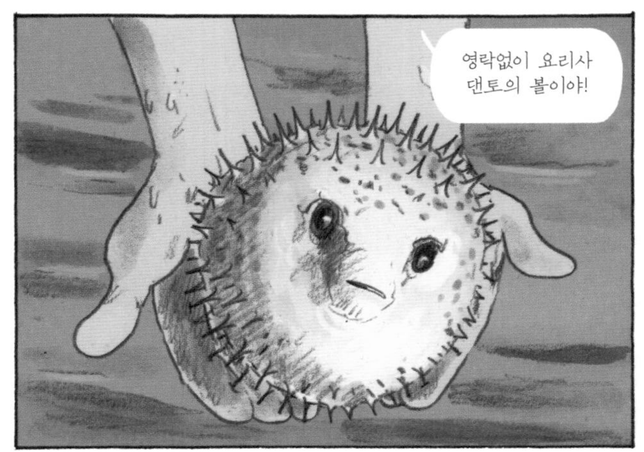
영락없이 요리사
댄토의 불이야!

"여러분, 오늘
저녁은 베이컨 렌즈콩
요리입니다."
이봐, 어제 메뉴
바뀌었어!
하하하!

그걸 풀어주고
어떻게 반응하는지
살펴볼까요?
가시복들은
이미 잡았어요.

잘 가, 댄토
미련 없이. 네 음식은
진짜 고역이었어!
다윈!
와서 봐봐, 어서!

내가 말이야…
그러니까…
'뭔가'를 잡았다고.
바로 갈게요!

우와, 굉장해요!
여태껏 이런 종은
본 적이 없어요!
여기 표본병 하나
갖다주세요!

숲은 말 그대로
미지의 생물들이 넘쳐나요!
개구리, 나비,
개미!
그리고 식물들!
식물들은 말도 마세요!

세상에! 보세요,
로버트! 이게 하루 동안
채집한 양이에요!

기록에 없는 수십
종의 플라나리아는
여기에 담았어요!

이게 뭔가?
으윽!

이 표본들을
모두 영국에
보내야 해요!
어서 발송 준비를
해야겠어요. 제 케임브
리지 대학 스승들이
기뻐하실 거예요!
궤짝이랑 표본병이
더 필요해요!
수조도요!
마텐스, 식생자료
작성하는 일 좀 도와
주세요. 제가 그림에
영 소질이 없어서.
흐음

또 필요한 게…
어…

하하하! 진정해, 다윈! 약속하지. 리우데자네이루에 도착하는 대로 모두 넉넉히 구비하겠네.

여러분 식사하세요. 음식 식습니다.

이 벽지에서 날고 기는 거의 모든 짐승 고기를 준비했습니다.
영국에서 드시던 성찬은 못 되지만, 배를 주릴 일은 없을 겁니다!

그릴에 구운 돼지고기와 노루고기도 마저 내오겠습니다. 맛있게 드세요!

음식을 전부 다 맛보세요, 어린 선생!
아, 전 그다지 배고프지 않아서.

찰스, 자네의 발견이 모두 나를 들뜨게 한다는 걸 아나?
자네와 함께 항해한다는 사실이 정말 뿌듯해.

지질 측량도 많이 진척됐습니다. 바이아 측량이 곧 끝날 겁니다, 함장님.
그거 잘됐군! 아주 좋아!

조만간 비글호 이야기로 영국이 떠들썩하겠어! 잘했네, 제군들.

뭐야, 너!
BAM

* 퍽

주인장! 노예는 매놓으라고! 이거 마음 편히 식사할 수 있겠어?

실례하겠습니다, 함장님, 녀석을 혼쭐내겠습니다, 약속드립니다!
너 가만 안 둬!

주인장도 봤지? 그 녀석이 내 접시에 무슨 짓을 했는지?

그만하면
된 것 같은데요.
뭐야?

잰 노예야! 노예는
아주 어릴 때부터
엄하게 다스려야 해!

어린애
라고요!
이봐, 다윈,
진정해!

저 애의
깨진 코 좀 보세요!
배가 고팠을 뿐인데.
더러운 야만인!
다윈!
그만해!

스탠퍼드 말이 맞네. 우리가 이런
행동을 눈감아주기 시작하면…

그러면? '흑인 노예에 대한 권리'가
위태로워진다, 그 말씀이세요?

그래, 맞아!
이 불안정한 사회가
안정되기 위해서는
우리의 도움이 필요해.
그렇다고
난폭한 행위가
정당화될까요?

물론 폭력에
동의하지는 않네. 그것은
차차 근절되어야 해.

하지만 로마는 하루아침에 이루어지지 않았어! 안타깝지만 그건 당분간 필요악인 거지.
그리고 반례도 얼마든지 있네.
'필요'악이요?
언젠가 한 주인이 자기 노예한테 자유로워지고 싶으냐고 물었다더군.
노예는 자유를 원치 않는다고 대답했어. 이건 어떻게 말할 텐가, 다윈 선생?

그걸 말이라고 해요, 로버트? 정말 노예가 자기 주인한테 다른 대답을 할 수 있을 거라고 생각하세요?

그는 선택의 여지가 없어요!

제 주장이 옳다는 걸 역사가 증명할 거예요. 노예제도는 치욕이에요.

소위 문명국이라는 우리 얼굴에 먹칠하는 거라고요!

다시는 내 선실에
열씬거리지 마,
다윈!
우리가 앞으로
볼 일은 없을 거야!
절대로!

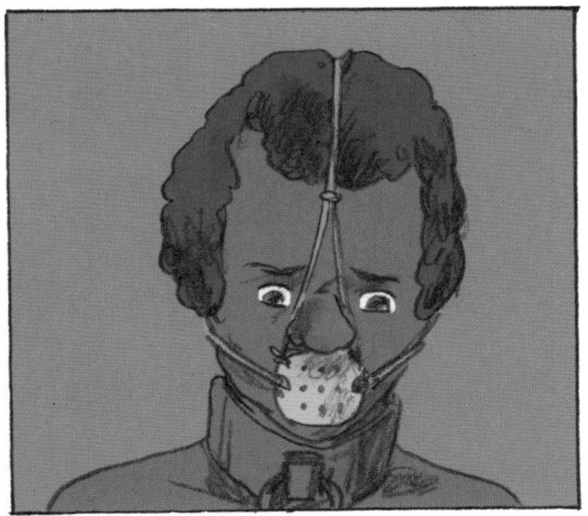

악!

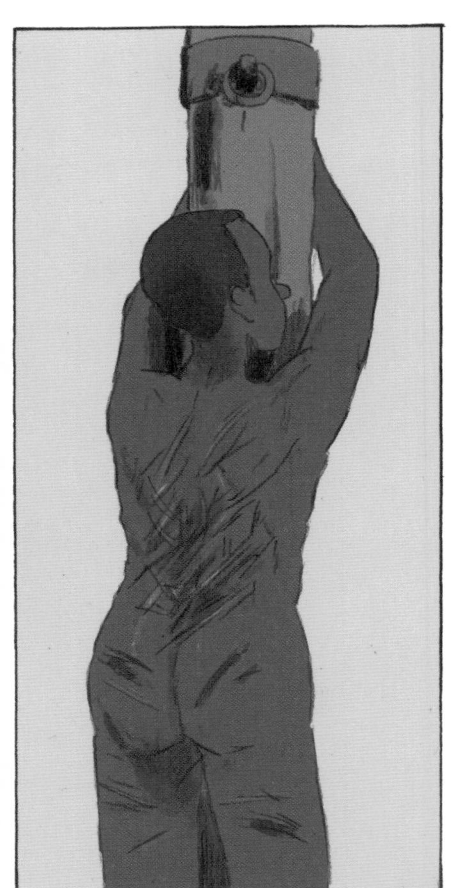

이봐, 다윈,
어디에 있었나?
사방으로 자네를
찾아다녔어.

이 나라는 정말 야만적이에요, 마텐스!

저는 이 놀라운 브라질 숲의 에덴동산과

이곳의 생지옥 사이에서 갈피를 못 잡겠어요.
제기랄! 저는 우리 문명인들의 횡포에 말문이 막혀요.

자네한테 익숙해질 거라고 말해줄 수 있겠네만, 익숙해지지 않는 일이 있지.

바다 한가운데에 저 바위가 보이나?

이 근방에서
유명한 바위야.
옛날에 도망친
한 흑인 노예들이
저곳에 터를 잡았지.

어느 날, 상황을 좌시할
수 없었던 식민지 개척자들이
'오염 방지'를 명목으로
징벌적 원정에 나섰네.
사실 그들은 마을
때문에 눈이 뒤집힌 거야.
주인으로서 그들의 권위가
나날이 모욕당하는
셈이었지.

그 후에 일어난 만행과
학살은 상상에 맡기겠네.

지독히 혹독한 노역을
경험한 한 여인은 저곳에서
목숨을 끊으려 했어…

여인은 돌아가면
고문당할 거란 사실을
알았기 때문에
차라리 저
꼭대기에서
뛰어내린 거야.

불타는 그리스
신전 입구를 배경으로
똑같은 이야기를
상상해보게.
스파르타의 추격자를
피해 '천사의 도약'으로
몸을 던지는 토가 입은
여인을 상상해봐.
여인의 용기는
오늘날까지도 가장
장엄한 비극을
연출할 거야.
가장 서정적인
오페라를.

런던의 부르주아들이
모두 눈물을 훔치며
박수갈채하겠지.
하지만 여기는
1832년 브라질이야.

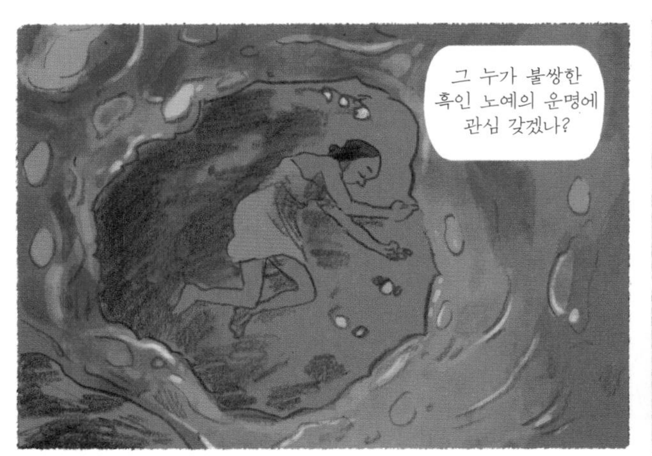
그 누가 불쌍한
흑인 노예의 운명에
관심 갖겠나?

우리요,
마텐스.
해군의 화가와 젊은
박물학자? 어느 포구의
이름 없는 두 사람이라,
딱이군.

아, 다윈.

좀 전에
내 말이
지나쳤네.

자네는 내 군함에서
언제나 환영이야.
내 식사 자리에서도
물론.
고맙습니다.

내 행동이
과격했던 점
용서하게.
그 얘기는 이제
그만하죠, 함장님.

1832년 4월과 7월 사이,
리우데자네이루

보타포구 만의 아름다운 풍광을
모르는 사람은 없었다.

내가 머문 숙소는
그 유명한 코르코바두 산
아래에 있었다.

나는 바다에서 밀려와
산 정상 아래에 겹겹이 쌓인 구름을
관찰하곤 했다.

이 나라의 겨울이 시작되는
5월과 6월에는 기후가 쾌적하다.

폭우가 가끔 쏟아졌지만,
건조한 남풍이 불어와
곧 기분 좋게 산책할 수 있었다.

무더운 낮을 보내고
가만히 정원에 앉아서 깊어가는 밤을
바라보고 있으면 즐거웠다.

자연이 선택한 이곳의
소리꾼들은 유럽에서보다
겸허한 예술가들이다.
청개구리속의 작은 개구리가
풀잎에 앉아서
경쾌한 소리로 운다.
개구리 몇 마리가
어울리면 저마다
화음을 맞춰 노래한다.

각양각색의 매미와 귀뚜라미가 날카롭게
울어대지만, 멀리서 은은하게 들려오는
소리가 싫지만은 않다.
매일 저녁 어둠이 내려앉으면
이 음악회가 시작된다.
그렇게 잠자코 소리에 귀 기울이고 있다가
지나가는 신기한 곤충들에게로
눈길을 돌리곤 했다.
어느 날은 펩시스 말벌과
늑대거미속 거미의 싸움을 관찰했다.
어느 저녁에는 떼 지어 분주히 달아나는
바퀴벌레와 거미, 다른 곤충들이
내 시선을 붙잡았다.
심지어 도마뱀도 있었다!
곧이어 한 무더기의 검은 개미가
나뭇잎을 새까맣게 뒤덮더니,
곤충들을 가장 처참한 죽음의
문턱으로 몰아세웠다.

저녁이 되면 반딧불이들이 산울타리 사이를
날아다닌다. 가장 흔한 곤충인 서양개똥벌레는
자극을 받으면 가장 밝은 빛을 낸다.
방아벌레 혹은 딱정벌레는
자극을 주면 더욱 밝게 빛난다.
브라질에 머무는 동안
무수히 많은 곤충들을 수집했다.
이곳에는 거미들이 수두룩하다.
비들은 진기하고 갑충류는 넘쳐난다.
유럽의 진열장에는 아직까지
열대지방에서 가져온 큰 곤충들만이
전시될 뿐이다.
장차 완성될 이 곤충들의 목록을
한 번 보면, 곤충학자는 결코
잠을 이룰 수 없을 것이다.

1832년 7월 5일, 리우를 떠남

1832년 7월 26일, 몬테비데오

비글호는 몇 달 동안
라플라타 강 연안 측량에 매달렸다.
나에게는 육지 연구를
이어갈 절호의 기회였다!

우리는 몬테비데오 근교에
있는 말도나도에 주둔했다.
또 알려지지
않은 종이야,
믿어지지 않아!

영국에서 이 표본들이
큰 반향을 불러일으킬
거야!

다윈 선생님, 떠날
준비 다 됐습니다.
네,
다 끝났어요,
곧 갈게요.

고마워, 푸에기아,
네 도움이
아니었으면
혼자서 끝내지
못했을 거야.

더구나 어떻게 그렇게
빨리 배울 수 있는 거지?
정말 놀라워.

선생님께 더 많은 걸
배울 수 있었을 거예요,
근데…

근데?
전 고향에
돌아가요, 선생님.

고향에서는
이런 게
소용없어요.

푸에기아!

실례지만 선생님,
이만 가볼게요.

기다려!
푸에기아,
난 그저…
아니야,
어서 가봐.

후회하지 않겠나,
다윈?
물론이죠. 이곳에서
할 일이 많아요. 방문할
지역도 많고 연구할
거리가 태산이에요.

그리고 비글호에 정이 들긴 했지만
제게는 육지 여행이 제격이에요.
바다라면 진저리나요, 함장님.

하하하!
그럼 몇 달 후에
다시 만나세. 몸조심해,
찰스.

조심하세요,
로버트!

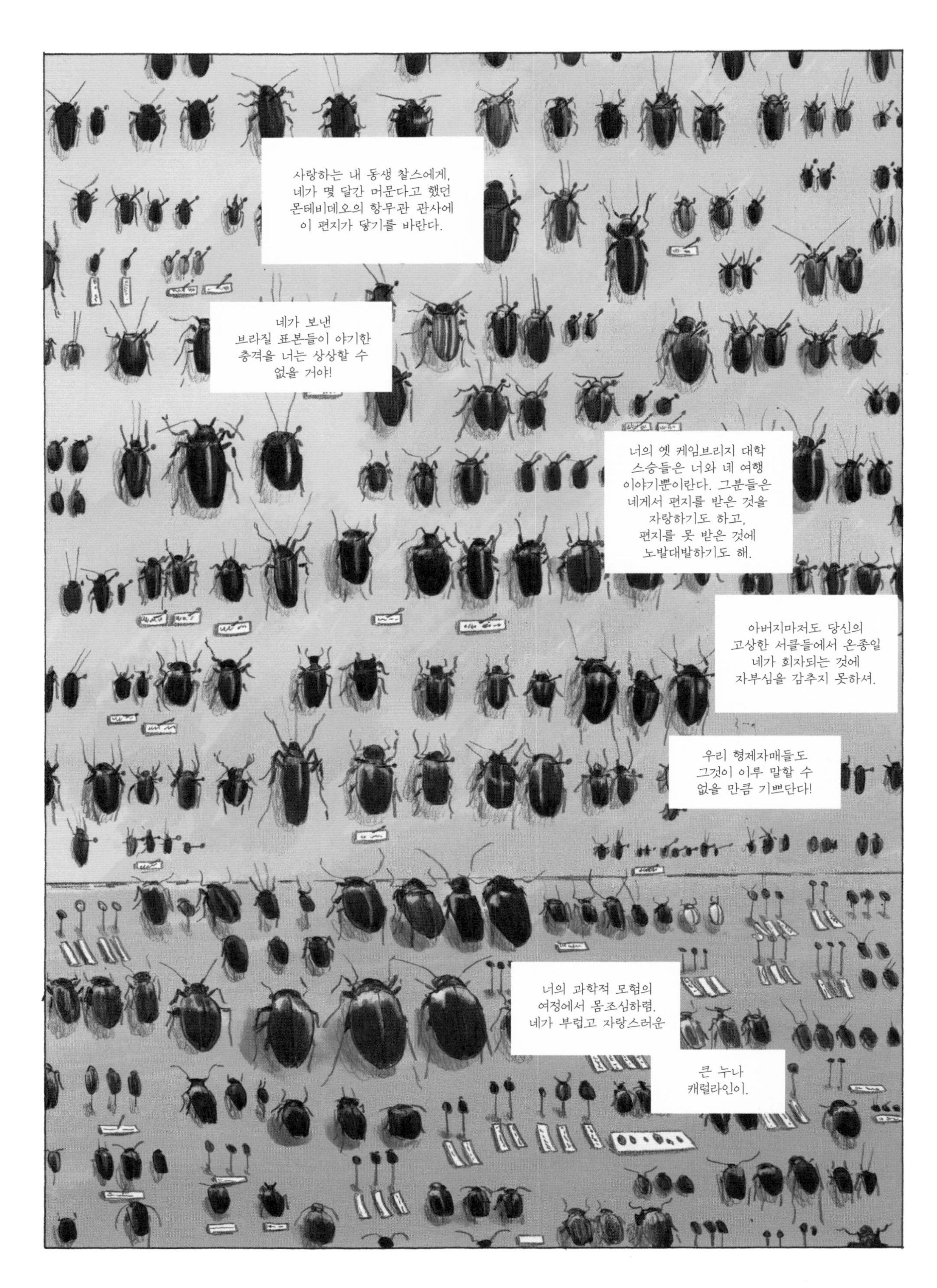
사랑하는 내 동생 찰스에게,
네가 몇 달간 머문다고 했던
몬테비데오의 항무관 관사에
이 편지가 닿기를 바란다.
네가 보낸
브라질 표본들이 야기한
충격을 너는 상상할 수
없을 거야!
너의 옛 케임브리지 대학
스승들은 너와 네 여행
이야기뿐이란다. 그분들은
네게서 편지를 받은 것을
자랑하기도 하고,
편지를 못 받은 것에
노발대발하기도 해.
아버지마저도 당신의
고상한 서클들에서 온종일
네가 회자되는 것에
자부심을 감추지 못하셔.
우리 형제자매들도
그것이 이루 말할 수
없을 만큼 기쁘단다!
너의 과학적 모험의
여정에서 몸조심하렴.
네가 부럽고 자랑스러운
큰 누나
캐럴라인이.

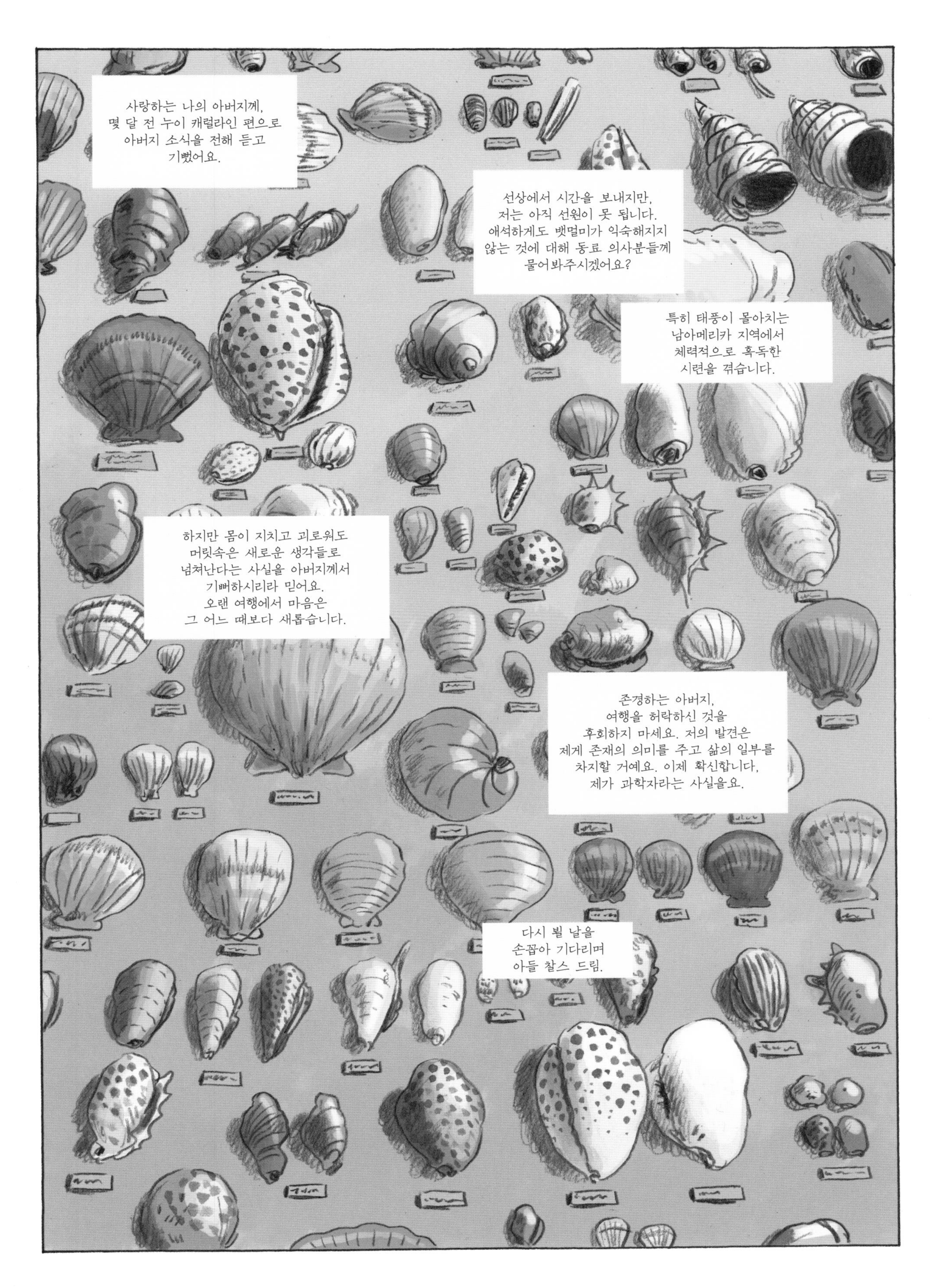
사랑하는 나의 아버지께,
몇 달 전 누이 캐럴라인 편으로
아버지 소식을 전해 듣고
기뻤어요.
선상에서 시간을 보내지만,
저는 아직 선원이 못 됩니다.
애석하게도 뱃멀미가 익숙해지지
않는 것에 대해 동료 의사분들께
물어봐주시겠어요?
특히 태풍이 몰아치는
남아메리카 지역에서
체력적으로 혹독한
시련을 겪습니다.
하지만 몸이 지치고 괴로워도
머릿속은 새로운 생각들로
넘쳐난다는 사실을 아버지께서
기뻐하시리라 믿어요.
오랜 여행에서 마음은
그 어느 때보다 새롭습니다.
존경하는 아버지,
여행을 허락하신 것을
후회하지 마세요. 저의 발견은
제게 존재의 의미를 주고 삶의 일부를
차지할 거예요. 이제 확신합니다,
제가 과학자라는 사실을요.
다시 뵐 날을
손꼽아 기다리며
아들 찰스 드림.

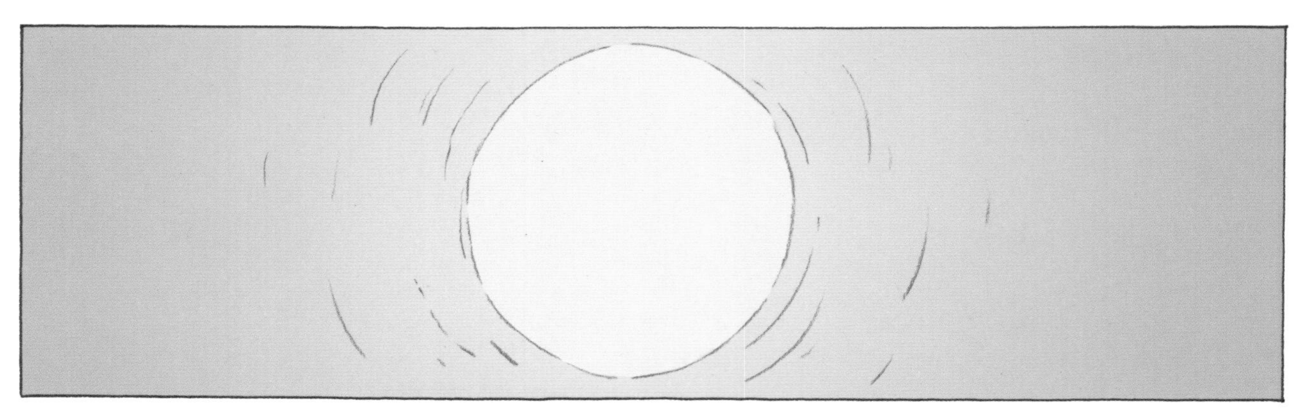

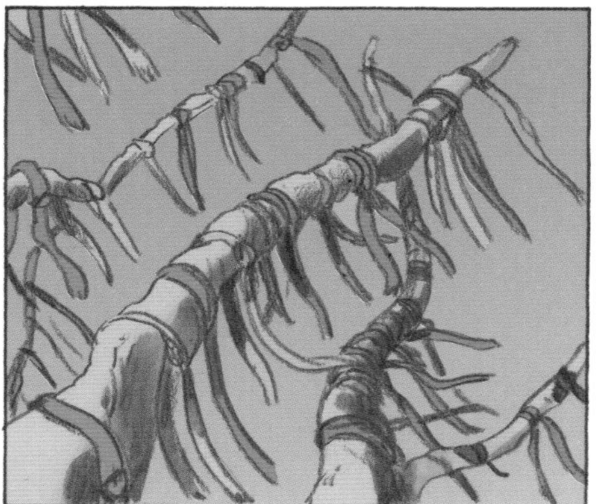

인디오들의 신성한 나무예요. 그들은 이곳에서 그들의 신 '왈레추'에게 봉헌을 하죠.
너무 지체 말아요. 무슨 일이 기다릴지 아무도 몰라요.

난 몬테비데오와
카르멘 데 파타고네스에서 몇 달을
보내고, 가우초들의 호위 아래 육로로
부에노스아이레스 남쪽에 있는
바이아블랑카에 가기로 결심했다.

괜찮아요,
세뇨르 다윈?

목말라요!
목이 너무…

벌써요? 출발한 지
불과 몇 시간밖에
안 됐어요.

비글호는 파타고니아 서해안을
측량하는 임무를 수행해나갔다.
나는 피츠로이 함장님과 약속한 대로
얼마 뒤 바이아블랑카에서
비글호에 합류할 예정이었다.

그 물은 절대 마시면
안 돼요, 죽어요!
알아요!

내가 찾는 건
그게 아닌데…

이 생물들은
어떻게 이런 소금물
속에서 살 수 있을까?
다윈 선생님,
바이아블랑카까지
아직 갈 길이 멀어요…
잠시만요!

에밀리오?!
저건 타조 알
아닌가요?

네, 하지만 따로
떨어져 버려진 알들은
분명 썩었을 겁니다.
전 권하지 않아요.

여기 보세요,
둥지가 있어요.

오늘 저녁은 오믈렛으로
간단히 때우겠군요.

'간단히' 먹어도
배는 든든할 겁니다.

자, 다윈, 당신의
볼라 던지는 실력을
보여줄 기회예요.
어… 저요?
어서요!
그럼…

하하하!
멋졌어요, 다윈!

우리의 저녁거리가 도망가네요.

그날 안장을 베개 삼아 야외에서 첫날 밤을 보냈다.
가우초의 독립적인 생활에는 부인할 수 없는 커다란 매력이 있다.

그들은 언제라도
당신의 말을
끌고 와 이렇게
말할 수 있다.

"여기에서 하룻밤을
보낼까요?"

젠장!

추잡한 인디오들!

어서 말을 몰고 가야겠어요.
바이아블랑카로 가서 로사스 장군께 알려야 해요.

* 으아악

기다려요, 다윈,
곧 올게요.

다윈,
로사스 장군님이
기다리십니다.

선생이
그 학자십니까?
네… 총독님의
소개장을
가져왔습니다만…

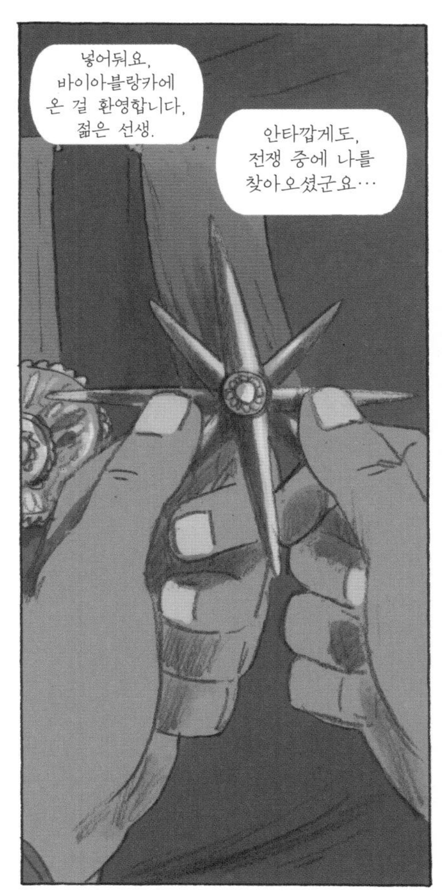
넣어둬요,
바이아블랑카에
온 걸 환영합니다,
젊은 선생.
안타깝게도,
전쟁 중에 나를
찾아오셨군요…

전쟁만 아니었다면,
선생의 과학적 발견에
대해 함께 이야기 나눌
수 있었을 텐데.
선생이 편히
머물 수 있도록
지시해놓겠습니다.

최상의 조건에서
연구할 수 있을
겁니다.
다 됐습니다,
장군님.

이만 실례하겠어요,
저 야만인들을 토벌할
시간입니다.

톡톡톡!

톡톡톡!
톡톡톡!

헉!

선생님! 괜찮으세요?

네, 별일 아니에요.

영차!
당겨요, 어서!

영차!
영차!

아니, 선생님, 그, 그게 뭔가요…
그 괴물은?!
지금으로선 전혀 모르겠어요.
어쨌든 현재 알려진 동물은 아니에요…
우리가 발견한 화석이 얼마나 값진 보물인지 영국에서 알려줄 거예요, 친구들!
탕! 탕! 탕! 탕! 탕! 탕!

전쟁이 벌어지고 있어요…
탕!
탕!
탕!
탕!
군대가 멀지 않은 계곡 너머에서 인디오들을 추격하고 있어요. 그들은 살아남지 못할 거예요.

탕!
탕!
탕!
탕!
우리 안내인은요? 저 사람도 인디오인데, 우리를 공격할 위험은 없나요?

아? 쇼요? 그는 걱정 마세요. 그의 부족이 로사스 장군께 충성을 맹세했거든요. 안심하세요.
다윈 선생님! 이것도 거의 다 발굴됐습니다.

어서 봐요!
와, 굉장해요!
이럴 수가! 정말 특별한 지층이에요!

이 육생동물들은
태곳적에 분명 이곳에
살았던 거예요. 확실해요!
가장 놀라운 것은
우리가 이 화석들을 두꺼운
조개껍데기 층 아래에서
발굴했다는 점이에요.
라이엘의 말이
맞았어요!
우리가 걷고 있는 이
땅은 아주 오래된 거예요.
모든 게 그걸 증명해요!
이 땅은 예전에
오랜 세월 동안 바다에
덮여 있었던 거예요!
하지만 우리가 지금
발굴한 동물들보다
그리 오래된 건 아니죠!
예전에요?
예전이라?
머리가 어지럽네요.

이 생물들은 모두, 우리가 생각하는 것보다 오랜 시간 망각 속으로 사라졌어요.
성경에서 가르치는 것보다 훨씬 오래되었다는 말씀인가요?
그 말씀이 신성모독으로 간주될 수 있다는 건 아시죠, 다윈?
네, 아시잖아요.

이 동물들의 몸집은
거대했어요. 그들이
어떻게 한날 사라질 수
있었을까요?
기근? 가뭄?
천재지변?
포식자?

탕!
탕!
탕!
탕!
탕!
탕!
탕!
탕!

전투 소리가 끔찍하네요.

전투요? 무슨 전투요?
저곳에서 벌어지는 일을 과연 전투라고 할 수 있을까요?

군인은 저곳에서 죽은 인디오의 고환 하나당 동전 한 닢을 받아요.
여인의 가슴 하나당 동전 한 닢.

아이 귀 하나당 동전 한 닢.

저 인디오들은 저희 부족의 오랜 원수죠.

군인들이 정말 바라는
건 저들을 몰살시키는
거예요.
그들은 어떤 인간에게도
해서는 안 되는 짓을
저지르고 있어요.
자신들 이전에 아무도
살지 않았던 나라를
만들려는 일념으로.

인디오들이 망각과
시간의 모래 속에
사라져서…
존재조차 하지
않았다고 믿게
만들려는 속셈이죠.

탕!
탕!
탕!

비글호다!
비글호가 왔어!

하하하, 이게
누구야? 우리의
골골대는 귀염둥이
아니야?

다윈! 함장님이
선창으로 오라시네!
놀리지 마세요!
저는…

허, 이것 참! 찰스,
도대체 이게 뭔가,
이, 이…
쓰레기들은?!

함장님, 이건
굉장히 귀한
보물이에요!
영국에 돌아가면
사람들 입에
아주 오랫동안
오르내릴…

찰스?
어디 아픈가?
찰스?
보물…

제3장

파타고니아~티에라델푸에고~칠레

찰스 다윈, 최초의 모습을 간직한
원주민들을 만나고, 놀라운 생일 선물을 받다.

내 영혼이
주님을 찬양하며
내 구세주 하느님을
생각하는 기쁨에
이 마음 설렙니다.
주님을 두려워하는
이들에게는 대대로
자비를 베푸십니다.

전능하신 분께서
나에게 큰일을 해주신
덕분입니다.
주님은 거룩하신 분.

1833년 1월, 티에라델푸에고

주여, 이제는 말씀하신
대로 이 종은 평안히
눈감게 되었습니다.

주님의 구원을
제 눈으로
보았습니다.

영광이 성부와… 아멘.

오늘 아침, 몸은 어때요, 다윈? 히히히!

목숨은 붙어 있어… 바다가 잠잠하네. 고마워, 제미.
바깥바람을 한번 쐬어보세요, 불쌍한 친구. 히히히!

자, 어서요, 상쾌한 공기가 도움이 될 거예요, 히히히!
선량한 제미 버튼이 다시 한 번 부축해드리죠, 히히히! 하느님의 가호가 있길!

이 바닷바람이
떠올라요. 고향이
가까워지고 있어요.

고향이
그리워?

모르겠어요. 이젠
기억이 잘 안 나요.
그때는 어렸고
무지했으니까.

별밤에 배를 타고
이동하던 기억이 나요.
산책하던 기억이며
바위의 못, 재미난 놀이,
벌거숭이 아이들의
웃음소리까지도.
하지만 모두
예전 일들이죠.

영국으로 떠나기 전.
이 땅에서
뿌리 뽑히기 전.
신의 계시를
받기 전 일들…
지금은 어릴 적
야만적이었던 제가 동물과
다름없었다는 사실을 알아요.

제가 그랬었다니
믿을 수 없어요.
야만적이란 걸
알았던 거야?

아니요,
영국인들이
깨우쳐줬어요.
그들이 가르쳐주기
전까진 우리 중
누구도 깨닫지 못했죠.

푸에기아!
응?
아야!

푸에기아, 시간
다 됐다. 오거라.
다윈,
선생도 참석하세요,
도움이 필요합니다.

난…

이 결혼에 반대하는
사람은 지금 말하거나
영원히 침묵하십시오.

요크 민스터와
푸에기아 바스켓은
성스러운 혼인으로
부부가 되었음을
선언합니다.

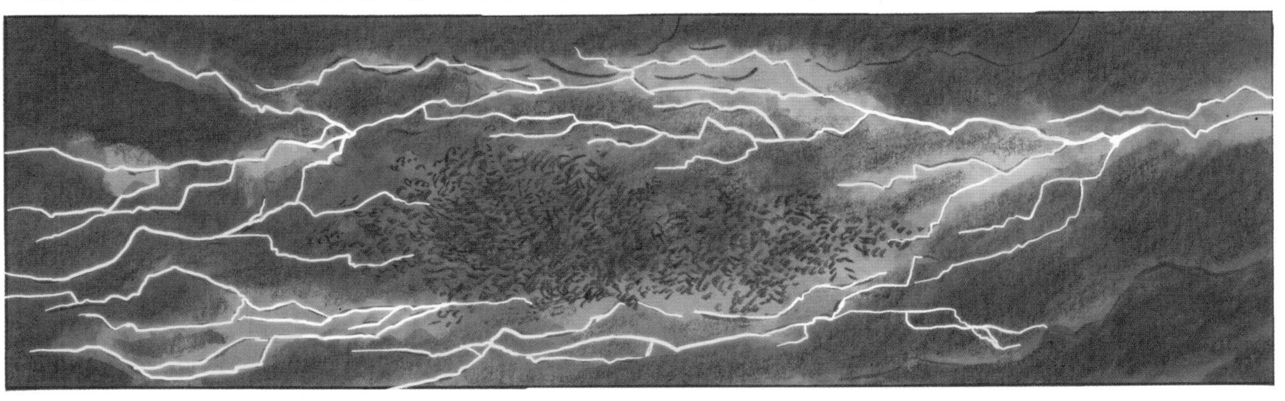

함장님,
저게 뭐예요?
세인트 엘모의
불이야.
바다는요?
바다는 왜 저렇게
빛나는 거죠?

사실 저 기이한 현상을
이미 다른 바다들을
항해하며 보았네만…

나 역시 자네에게
물어보려 했네…
함장님! 저기 좀
보세요! 쇠돌고래들이
이상해요!

산이다! 산에
천 개의 불이
타오른다!
세상에!
광인들의
나라잖아!
티에라델푸에
고에 온 걸
환영해, 찰스!

틀림없이 태풍이 몰아칠
테니 어서 안전한 곳으로
대피하자. 비바람을 막아줄
저 만에 닻을 내리자.
함장님!
그들이 벌써
와 있어요.

AAAAAAAAAAH

AAAAAAAH

* 아아아아아

오늘밤에는 해안에서 멀리 닻을 내리게, 저들은 내일 만나는 게 더 안전하겠어.

보세요! 그들이 와요!

파타고니아의
거인들이다!
예수, 마리아,
요셉이시여! 우리 죄인들을
위해 기도해주소서.
총을 가져와, 존슨!
저 야만인들을
무찔러서 무사히
돌아가세.

진정해! 저들은 인디오들
일 뿐이야! 파타고니아의
거인은 없어!

왜들 그러죠,
함장님?
미신 따위를
믿다니!

수백 년 전에
스페인 선원들이 지어낸
헛소리에 지레 겁먹었어!

마젤란 해협에서 살아남은
선원들이 저 인디오들을
'거대한 발'이란 뜻의
'파타곤'이라고 불렀지.
그래서 이곳이
'파타곤의 땅'인 거야.
사람을 한 입에 집어
삼킬 수 있는 거대한
괴물들의 땅.
겁쟁이들! 저들은
그저 제미 버튼 같은
인디오들이야!
침착해, 소란을
피워선 안 돼.
올 것이 온 거야.

아야!

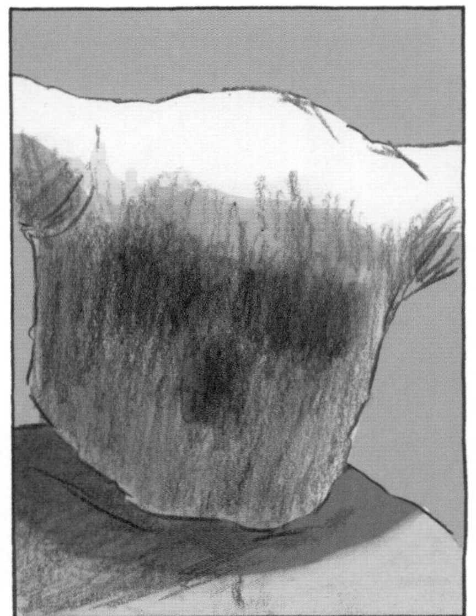

갔어.
제미? 괜찮아? 너 왜 그래?

푸에기아, 제미가 왜 이렇게 충격을 받은 거지?

저들 중 제미의 형제가 있었어요. 그들이 제미를 알아봤어요…

제미는 형제들을 다시 만날 거라고 생각지 못했거든요.

도무지 이해 못 하겠어요, 다윈 선생님.

그들이 야만인인가요?

할렐루야!

주님, 주님께서 기독교인들에게 베푸신 이 새로운 땅에 입을 맞추고, 주님의 이름으로 이 땅을 축복하나이다.

새롭다고요? 해안에서 본 이 땅의 지층은 상당히 흥미롭고, 지질 연대도 굉장히 오래돼 보이는 걸요.

저… 외람된 말씀 이지만요, 신부님.

TAP
TAP
*톡톡

저 분이…?
네,
제미의 어머니예요.
제미의 형제들이 어젯밤
모셔왔어요.

뜻밖이군. 아주
기뻐하실 줄
알았는데.

제미가 떠났을 때
우셨대요. 아주 많이.

제미가 돌아왔는데,
왜 우시겠어요?

첫 만남이 있고 몇 주 동안 인디오들은 점차 우리에게 익숙해졌고, 우리도 그들에게 익숙해졌다. 나는 그들을 좀더 차분히 관찰할 수 있었다.
대부분이 나이와 상관없이 알몸으로 생활하며, 가죽으로 몸을 보호할 뿐이다.

차가운 빗물이 몸 위로 흐르건 바람이 불건 그들은 추위에 아랑곳하지 않는 듯 보였다.

이 비참한 야만인들은 키가 작고, 못생긴 얼굴에 간혹 하얗게 칠을 하고, 피부는 더럽고 기름진 데다 머리카락은 헝클어져 있다.

목소리는 귀에 거슬리고 말은 불분명하며 몸짓은 거칠다.
처음에는 그들의 목소리를 싫어하기까지 했다.

그들이 우리에게 줄곧 사용하는 "얌메르스쿠너"라는 말이 '줘요! 줘요!'라는 뜻이라는 것만은 이해할 수 있었다.

우리는 그들이 적개심을 가지지 않도록 붉은 끈 같은 소소한 선물을 주었는데, 그들은 그것을 머리에 두르고 무척 기뻐했다.

그들을 보면 심지어 인간이라고조차 믿기 어렵다.

우리와 같이
인류에 속하는
존재들.

그들은 조개를 주식으로 먹는다. 여자들이
잠수해 백성게를 채취하거나 미끼를 단
가는 줄 앞에서 참을성 있게 기다린다.
물개를 잡거나 떠다니는 썩은
고래 사체를 발견하는 날엔
잔칫날이 따로 없다.

그들은 끔찍한 기근에 개보다
할머니를 잡아먹는다고 했다!
개는 수달 사냥에라도
도움이 된다나?

그들은 굶주림과 기생충,
추위로 고통받는다. 이
야만인들의 삶에는 도대체
어떤 즐거움이 있을까?

푸에고 원주민들 사이의
완벽한 평등함 때문에
그들의 문명이 뒤처지는
것이 틀림없다.

인간은 동물과 마찬가지로 본능적으로
무리를 지어 살아가며 지도자에게
복종해야 발전할 수 있다.

티에라델푸에고에 지도자가
나오거나 재산 소유 개념이
생기기 전까지 그들의 정치 상황은
나아지기 어렵다.
지도자는 재산을 통해서
자신의 권력을 드러내고
증대시킬 수 있을 것이다…

히 히!

히 히 히!

하지만 푸에고인들이 사라질 것이라고
믿긴 어렵다. 그들은 생활을
지속해나가기에 충분한
그들 나름의 행복을 누리는 것이
분명하다.
마치 자연이 시간과 습관의 힘으로
그들 스스로 비참한 나라에서
혹독한 기후와 부족한 자원에
적응하도록 허락한 듯 보였다.

성부와…

성자와 성령의
이름으로…

아멘!

신부님, 건투를 빌어요. 이 이교도의 땅에선 용기가 필요하실 겁니다…
세 인디오 친구들이 매사 충실히 신부님을 보필할 거예요.

저희는 이제 칠로에 섬부터 혼곶까지 복잡한 해안을 측량하러 떠나겠습니다.
모두 몸조심하세요. 별일 없으면 몇 달 후에 뵙겠습니다.

잘 있어, 제미.
몸조심하세요, 다윈 선생님, 히히히.

안녕, 푸에기아…

우리는 돌아올 거네, 다윈…
어쨌거나 자네에게는 다른 운명이 놓여 있지만.

전 항해를 재촉하지 않았어요, 로버트.
함장님!

잠깐만! 기다려요!
신부님?!

도와드려, 어서!
난… 난 도저히 못 하겠어요, 로버트.

저들이 나를 가만 내버려두지 않고 내 물건을 훔치더니 몇 주 전부터는 나를 호시탐탐 노렸어요… 밤이면 밤마다 주위를 배회하면서 난…

난 비글호가 떠나면… 무사하지 못할 거예요!
'저들' 틈에서 혼자 너무나 두려웠어요!

아아, 내 신앙이 최초의 기독교인들의 신앙만큼 강하지 않은 모양입니다, 아아, 아아…
난 못 해요. 도저히 못 하겠어요. 용서해 주세요, 하느님.

당신은 용서받으셨어요, 매슈스 신부님.

1833년 3월, 포클랜드 제도

본토와 수백 마일 떨어진 이
제도의 조류와 포유류가…

육지종과 유사하면서도
뚜렷하게 미묘한 차이를
보인다는 점이 놀랍다.

1833년 5월, 몇 개월 만에
몬테비데오로 돌아옴

1833년 10월, 파라나 강 탐사

1833년 12월, 티에라델푸에고로 돌아옴

안개 장막이 점차 걷히면서
사르미엔토 산이 우리 눈앞에 펼쳐지는
놀라운 광경을 목격했다.

저 거대한 눈더미는 결코 녹지 않고 세상에
오래도록 남아 있을 것처럼 보인다.
웅장하고 숭고하기까지 한 풍경이다.
산은 눈부신 빛에 반사되어
윤곽이 선명하게 드러난다.
빙하 덩어리들이 눈 덮인 벌판에서
연안까지 구불구불 흘러내려오는
모습은 마치 얼어붙은 거대한
나이아가라 폭포 같다.
저 푸른 얼음 폭포는
물이 흐르는 폭포만큼 아름답다.

* 쿠구구구

* 콰직

* 쿠콰콰광

* 쾅

누수가 심각하지만 당장은 버틸 수 있을 거네. 어서 비글호를 물 밖으로 인양해서 하루빨리 수리해야 해.
운이 좋았습니다, 함장님. 얼음이 선체를 스쳐갔어요.

패민 항으로 가세, 그곳에서 겨울을 보내야겠네.
또다시 부딪히지 않도록 얼음 덩어리들을 조심하게!

함장님?!
하, 또 뭔가?!
앗!

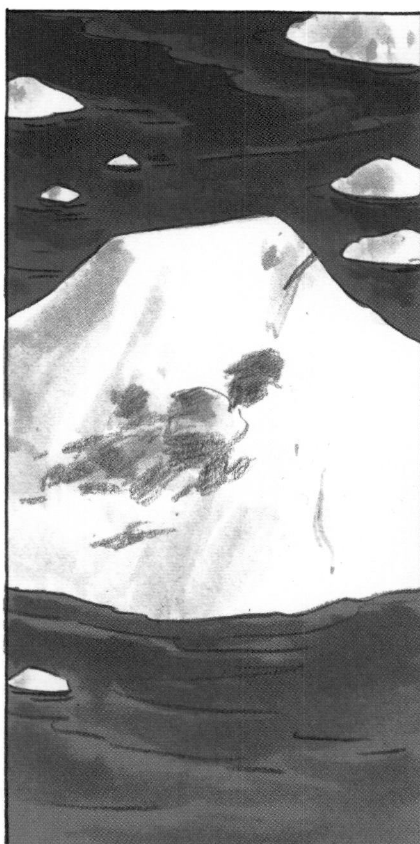

1834년 1월, 마젤란 해협의
패민 항만
나는 패민 항이
끔찍이 싫어!

하지만 여기서 한동안 꼼짝할 수 없으니, 정말 두렵기만 하군…

프링글 스토크스 전 함장이 바로 이곳에서 자살했지.

패민 항에서 긴 겨울을 보내는 동안 어떤 생각이 우리 머릿속을 잠식할지 아무도 모르는 거야.

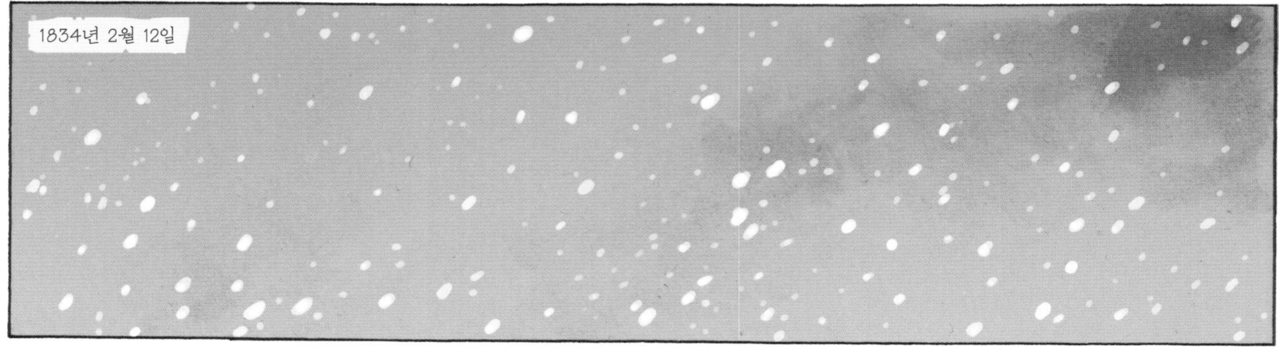
1834년 2월 12일

기록하게 커빙턴, 오늘이… 오늘이 며칠이지?
2월 12일요, 함장님.

아, 고맙네 찰스.
1834년 2월 12일, 우리는 비글 해협 남쪽 해안의 측량을 마쳤다. 위도…

잠깐, 2월 12일은 자네 생일 아닌가, 다윈?

네, 오늘 스물다섯이 됐어요.

그래?
생일 축하하네!
감사합니다.

고향이 그립나,
찰스?

그리운 건 아니지만
고향에서 가족과 양 다리를
뜯으며 생일을 맞이했어도
나쁘지 않았을 거예요.
벌써 고향을
떠난 지 3년이
지났어요…

그렇다면 생일을
기념해야겠군!
아니,
그럴 필요 없어요,
로버트…

커빙턴,
자네는 어떤가?
어… 제가 지도를
들여다보느라 딱히
떠오르는 생각이…

옳거니! 우리가 금방
이 산의 이름을
찾고 있었지.

자, 지도에 적게,
이 산의 이름은 이제

다윈 산이야.
생일 축하해, 찰스.

1834년 5월, 파견지로 돌아감

이럴 수가! 함장님, 아무도 없어요!
오, 하느님! 도대체 무슨 일이 있었던 거지?

내 눈을 믿을 수 없군…

이 개자식들!
전부 파괴했어. 세 사람이 모두 무사해야 할 텐데…

인디오들이에요. 저기 숨어서 우리가 보복하기를 기다리는 게 분명해요. 어떻게 할까요, 함장님?

전투 준비해. 진상을 꼭 밝혀내서 저들이 값비싼 대가를 치르게 하겠어.

기다려요 로버트, 전…
다윈 선생님! 피츠로이 함장님!

누구지?
다가오지 않으면 쏜다!

쏘지 마세요, 저뿐이에요!

여러분의 친구 제미 버튼.

이런 푸짐한
저녁 식사를 얼마 만에
먹는지. 고마워요.

함장님의 요리사는
늘 적은 재료로 용케
많은 음식을
만드네요.

함장님의 대원들도
늘 친절해요. 다시
만나서 정말 반가워요.
어서 말해보게.
빨리 자네 이야기가
더 듣고 싶군…

처음에 그들은
감히 파견지에
접근하지 못했어요.

그들이 대담해진 건지
우리가 경계를 늦춘 탓인지,
머지않아 그들은 그곳을
편하게 생각했어요.
결국 그들의
차지가 됐죠.
화를 내실 수 있겠지만
우리가 그곳에서 보내는
시간도 차츰 줄었어요.
고향과 부족,
그리고 잊고 있던
생활 방식을 되찾은 게
기뻤거든요…

하지만 제미, 예전의
모습은 다 어디 간 거야?
유독 야만적인 것은
질색하던 자네였잖아!

문득, 모든 게 부질없더라
고요. 실망시켜드려서
죄송해요. 하지만 솔직히
말씀드리는 거예요.

요크는 푸에기아와
함께 자기 부족을 찾아가려
했어요. 우리를 데려가겠다고
약속해놓고는…

어느 날, 얼마 남지
않은 물건들을
가지고 홀연
사라졌어요.

그리고 태풍이
몰아쳤고, 파견지가
무너진 거예요.

참담하군.

돌아가세, 자네가 진정한 영국
시민이 되도록 도와주겠네.
실망하는 일은 없을 거야.
난 한다면 하는 사람이니까.

짐이 있으면 어서 챙겨와,
제미. 자네를 비글호로
데려가겠네.

고맙습니다만 함장님,
아직 드리지 못한 말씀이
있어요…

저희
집이에요.
세상에…

말씀은 작게 해주세요,
아내가 함장님을 아주
무서워하거든요…

함장님이 강제로
저를 데려갈까봐…

강제로?!

함장님, 많이
생각해봤는데
죄송하게도…
제가 있을 곳은 여기, 제
부족과 아내의 곁이에요…

그럼
푸에기아는…?
허!
가세, 다윈!

헛수고했군!
모조리 불태우게! 조금도 남김없이, 싹 다 불태워! 어서!

나는 그 다정한 친구를 다시는 보지 못할 거란 생각에 슬퍼졌다.
하지만 그가 자신의 고향을 떠나지 않았더라도 단연코 지금처럼, 어쩌면 지금보다 더 행복했을 것이다.
나는 그의 여행이 그에게 아무 소용이 없었던 게 아닌가 하는 두려움마저 들었다.

1834년 6월 11일, 마젤란 해협

모두 마음 단단히 먹게! 이 풍랑은 대서양이 우리에게 주는 마지막 선물이야!

잘 있어라, 티에라델푸에고여!

태평양에 온 걸 환영하네, 제군들.

제4장
칠레~갈라파고스 제도
태평양
다윈, 땅의 흔들림을 발아래 느끼고
용의 땅을 답사하며 새에게서 영감을 얻다.

1835년 2월 20일, 칠레
BROOM
* 콰광

오소르노 산이
깨어난 것 같군.

정말 멋진 나라
아닌가?
네, 놀라운 것들로
가득해요!

커빙턴, 나 좀 도와줄래?
자네의 말안장 주머니에서
'칠레의 소관목'이라고 적힌
식물표본집 좀 갖다줘.
네, 선생님!

다윈, 마침 커빙턴이
부탁이 있다는데 말을
못 꺼내는군. 하하하!
부탁이라니,
커빙턴?

심스 커빙턴이
수습선원 일을 그만두고
자네의 조수가 되고
싶다는군!
정말이야,
심스?

네, 선생님, 전
선원보다 과학자가 더
어울리는 것 같아요.
선생님처럼요.
미리 말해두겠네만
내가 이미 허락했네, 찰스.
자네가 격무에 시달리는
꼴을 두고 볼 수 없었어.
학문에 매진하느라
나와 식사를 함께하지
못하는 것도 싫었고.
도움이 필요해 보였어.
그리고 솔직히 말해서
자네 작업의 중요성을
이제야 깨달았네!
음! 이 오렌지
맛 좀 보세요,
로버트!
난 자네의 발견이
적어도 우리 탐사와 지도만큼,
이 여행의 성공에 한몫할
거라고 믿어.
맛있다!
정말 기뻐요! 고마워요,
로버트! 완벽해,
조수 커빙턴!

따사로운 햇살 아래 산책만한 것이 없죠!
정말 신나요, 선생님! 전 자주 배를 떠나지 못하는데, 감사해요!

나는 저 얼어붙은 잿빛 땅에서 멀리 벗어난 게 기쁘네!
우리가 비글호의 저주와 티에라델푸에고의 겨울의 고비를 무사히 넘긴 거야! 하하하!

고비라면…
말에서 내리세, 그게 훨씬 수월하겠어.

BRRRRRRR
* 쿠구구구구
BRRRRRRRRRRRRRRRRRR
* 쿠구구구구
CRAAC
BRRRRRRRRRRRRRRRRRRRRRRRR
* 우지끈
* 쿠구구구구

뭐, 뭐였죠?!

어서 비글호로
돌아가세!

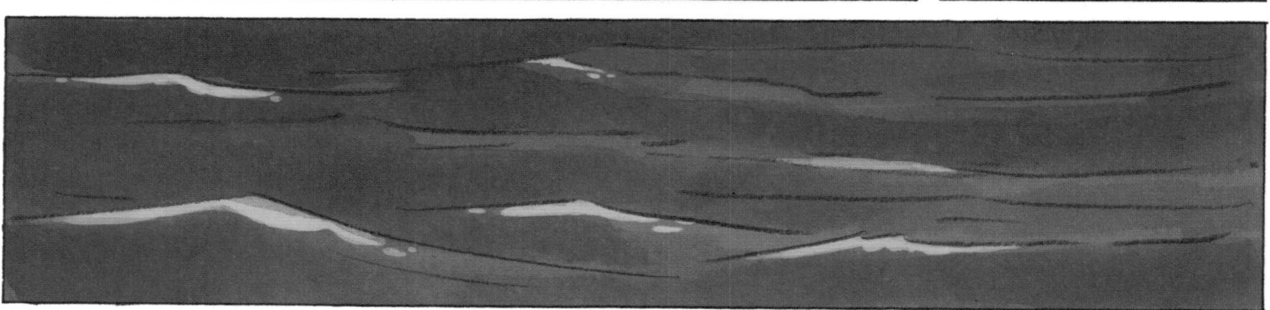

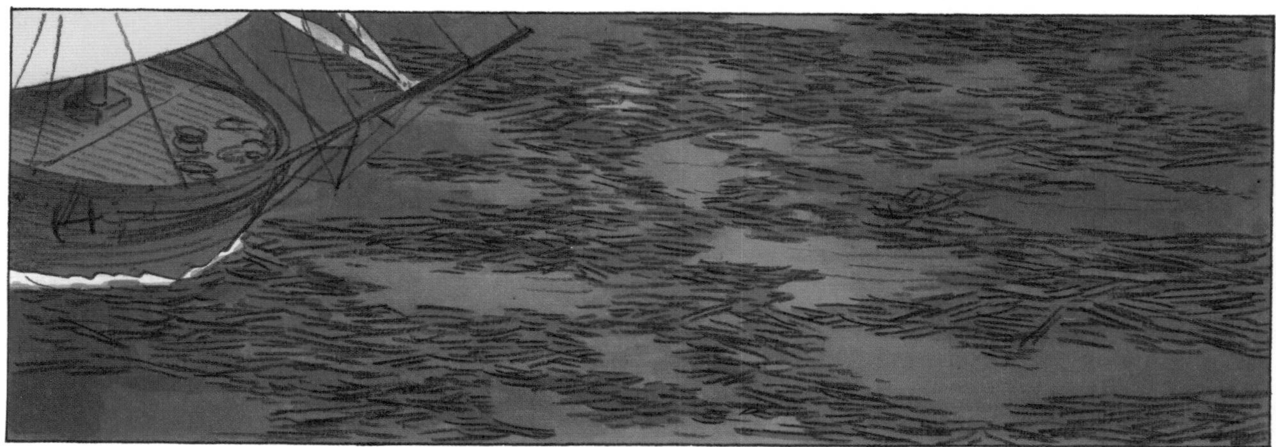

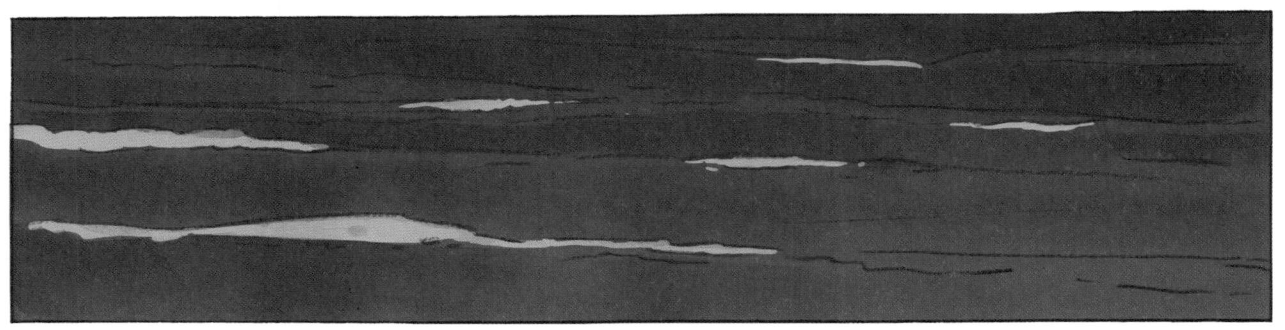

1835년 3월 4일, 폐허가 된 칠레 콘셉시온

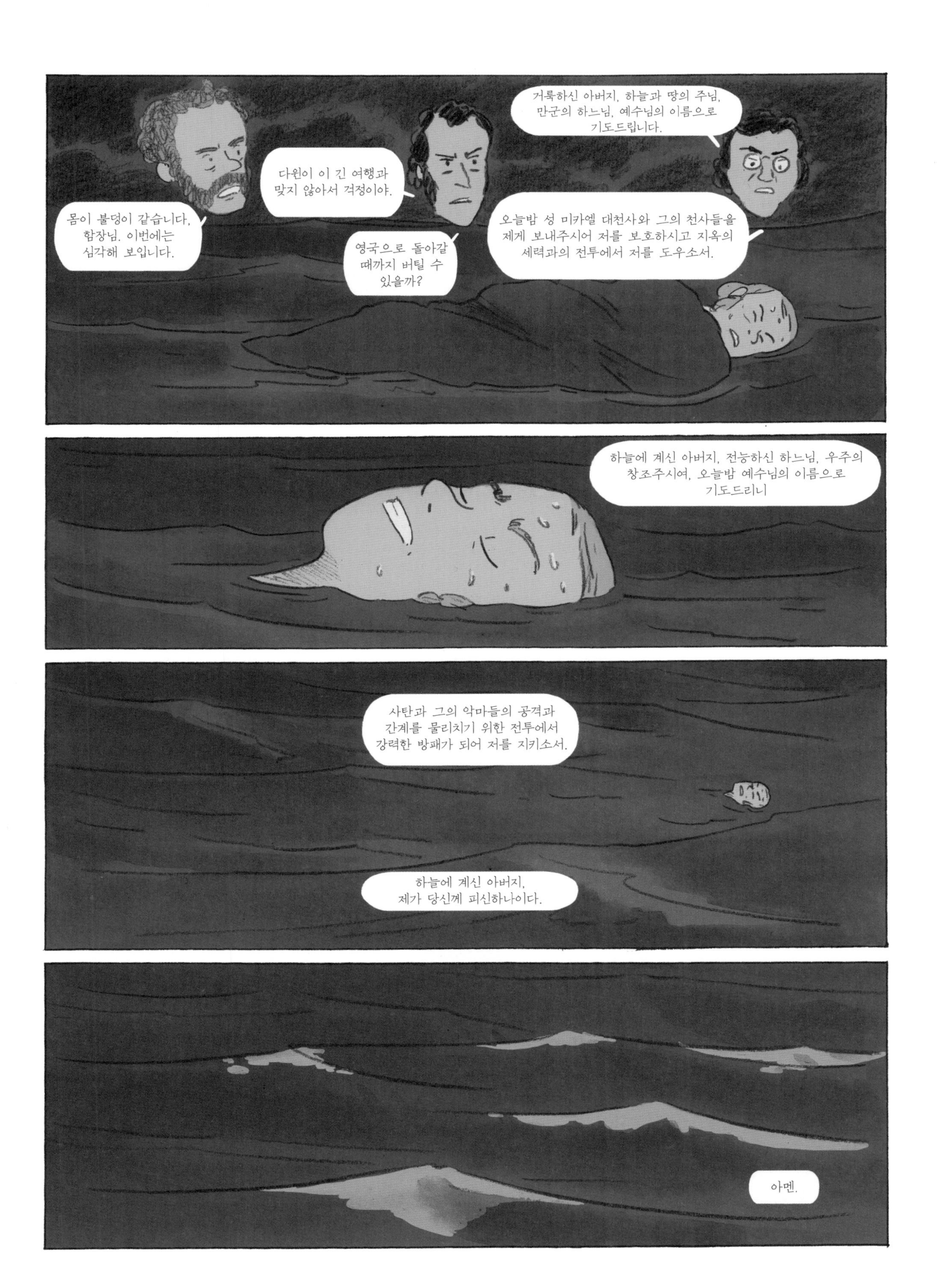
몸이 불덩이 같습니다, 함장님. 이번에는 심각해 보입니다.
다윈이 이 긴 여행과 맞지 않아서 걱정이야.
영국으로 돌아갈 때까지 버틸 수 있을까?
거룩하신 아버지, 하늘과 땅의 주님, 만군의 하느님, 예수님의 이름으로 기도드립니다.
오늘밤 성 미카엘 대천사와 그의 천사들을 제게 보내주시어 저를 보호하시고 지옥의 세력과의 전투에서 저를 도우소서.
하늘에 계신 아버지, 전능하신 하느님, 우주의 창조주시여, 오늘밤 예수님의 이름으로 기도드리니
사탄과 그의 악마들의 공격과 간계를 물리치기 위한 전투에서 강력한 방패가 되어 저를 지키소서.
하늘에 계신 아버지, 제가 당신께 피신하나이다.
아멘.

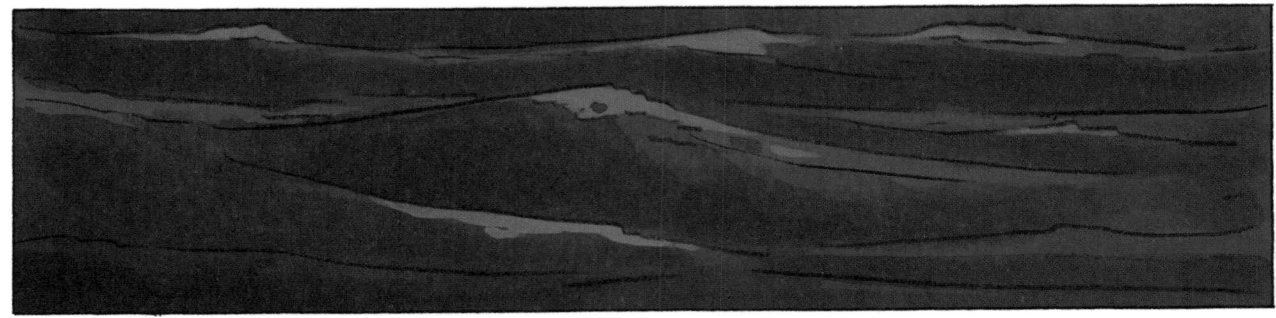

1835년 9월, 갈라파고스 제도
위가 해초투성이에요. 이 도마뱀들이 완전한 채식 동물이라니, 놀라워요.
1미터, 20킬로! 어마어마하군!

이 도마뱀들은 비슷한 육지종보다 대체로 몸집이 커요.
그나저나 지독히 못생겼네.

찰스, 우리가 선원들과 간단한 실험을 했어요.
어떤 실험이요? 제가 말씀드린 대로 잘 기록해두셨죠?

다윈 선생님! 해초는 어느 식물표본집에 둘까요?
자, 여기에 넣으세요.
네, 네, 도마뱀 몸에 무거운 물체를 묶고 바닷속에 가라앉혔는데
한 시간 뒤에 녀석을 꺼내보니 여전히 팔팔하더라고요!

아, 커빙턴! 이제 오는 거야? 자네가 채집한 걸 어서 보고 싶군.

잠시만 앉아 있어. 이것만 마저 기록할게.
특기할 만한 일화: 해안에서 여러 차례 도마뱀들을 쫓았으나, 그들은 훨씬 익숙한 환경인 바다로는 도망가려 하지 않았다.

바다는 그들에게 위험천만한 곳인 반면, 육지는 포식자가 없는 곳이다. 그래서 육지에 우리를 포함해서 어떤 위협이 있으리라고 생각지 못하는 것 같았다.
도마뱀 한 마리를 잡아서 몇 번이나 바다에 던져도 매번 녀석은 정확히 내가 서 있는 장소로 돌아왔다.

다 됐어 심스, 이제 자네가 가져온 걸 볼까?
선원 두 명과 토착민들의 도움으로 간신히 핀치와 흉내지빠귀 채집을 끝냈어요.

갈라파고스에 사는 거의 모든 종이에요. 여기에 전부 기록해뒀어요.

잘했어 커빙턴, 조류학자 오듀본이 따로 없군.
이 새들은 평범해 보이지만, 이토록 건조한 땅에서 놀라운 다양성을 보여줘.

* 철퍼덕

* 탁탁

다 됐습니까,
피츠로이 함장,
이제 떠나시게요?
오셨어요, 부총독님?
네, 내일 날이 밝는 대로
긴 항해를 떠날 겁니다.

다윈 선생, 당신은요?
채집은 다 끝났습니까?

그럴 리가요, 로슨 부총독님!
갈 수 없는 섬이 많았어요.
하지만 이곳의 생물과 식물, 지질에 관한
조사는 상당히 진척된 것 같아요.

각 섬의 거북을 비축해두셨다면
산 채로 계속 비교 연구 할 수 있고
나중에 잡아먹을 수도 있었을 텐데,
유감입니다.

무슨 말씀이신지… 거북의
종도 그리 많지 않고 연구도
이만하면 됐다고 생각하는데요?

네? 내가 박물학자는 아니지만,
섬마다 고유의 거북이 있다고
알고 있어요. 아시는 줄 알았습니다만.

그러니까 산타크루즈 섬 거북은
이사벨라 섬에서 발견되지 않는다,
이 말씀이세요?
네, 그래요. 적어도
육지 거북들은
저마다의 영역이 있죠.
연중 이곳에서 사는 우리는
거북의 외형적 특징으로
그들의 섬을 알아맞힐 수
있어요.

아뿔싸, 우리가
그 점을 간과했네요…

커빙턴!
그럼 행운을 빕니다, 피츠로이 함장! 만나서 반가웠어요.
다시 한번 감사합니다, 부총독님. 덕분에 잘 있다 갑니다.

커빙턴, 우리가 뭘 한 거지? 표본을 섬별로 분류했던가?

이런! 우리가 실수를 한 것 같아!
아니요, 종별로요, 알려주신 대로 저는…

저… 사냥한 핀치새마다 채집한 섬을 적어두긴 했는데, 왜 그러세요?
그래? 잘됐군! 어서 보여줘!

오, 과연 흥미로워!

한시가 급해! 모든 표본들을 지도로 만들어야 해.
하지만 선생님! 출항을 위해 모두 궤짝에 실은 걸요!

그럼 꺼내야지! 밤을 새워서라도 끝내야 해!
어서! 하하하!

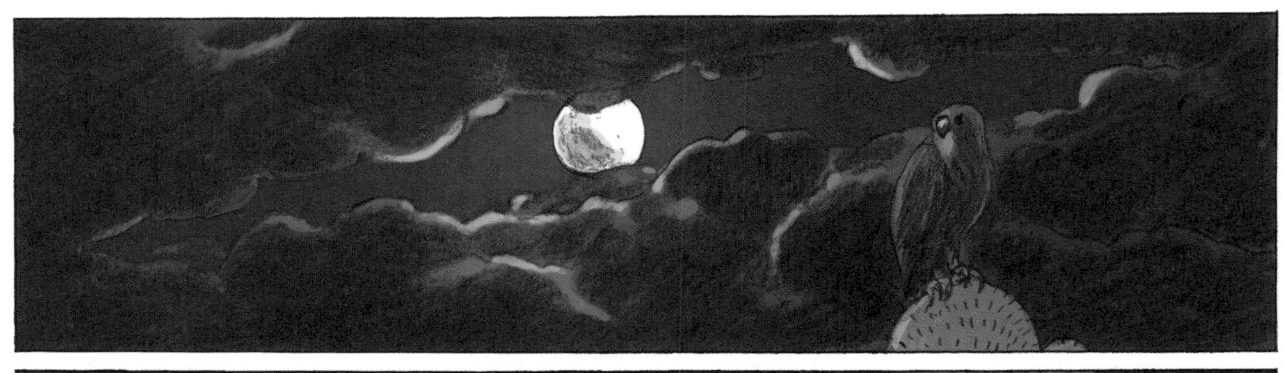

연구가 시작될 때만 해도 갈라파고스 제도에 다른 생물종들이 분포되어 있다고 생각했어요.

표본의 채집 장소를 기록하는 일도 등한시했죠. 다행히 커빙턴과 그의 핀치 새 덕분에 실수를 만회할 수 있었어요!

그러니까 저는 이곳의 지질구조만을 흥미롭게 여기고 지질학에 치중하다가
아주 중요한 과학적 정보를 놓칠 뻔한 거예요.

각각의 고유종이 오직 한 섬에서 산다는 사실을요! 다른 섬에서는 찾을 수 없어요!
섬들이 엇비슷하다고 해도 섬은 그 자체로 하나의 세계나 다름없죠!

그게 핀치들과 어떤 관계가 있다는 거지?

부리가 가장 큰 이 핀치는 여기, 화산섬 에서만 발견돼요.
부리가 더 작은 이 핀치는 선인장이 많이 자라는 섬에서 발견되고요!
이곳에 더 오랫동안 머물러야 해요.
갈라파고스 제도 전체를 관찰해야 해요, 로버트.

정말 굉장하네요!
핀치의 생김새는 지리와 환경의 영향을 받아요! 이상하게 들릴지 모르겠지만, 제 목숨을 걸고 장담해요!

도무지 무슨 말을 하려는 건지 모르겠군, 찰스…

이 핀치들은 사촌이에요! 수천 년 전에 이곳에 유입된 한 조상에게서 태어났을 거라고요!
몇몇 자손들이 섬 전체에 흩어져서 각각의 섬에 남아 있는 거예요!

모든 게 보여주는 것 같아요. 오늘날 핀치들의 다른 생김새가 대대로 자란 서로 다른 환경 때문이라고!
다른 생활 조건 때문이라고요!

다윈, 이 핀치들의 모습이 태곳적 모습과 다르다는 말인가, 그러니까 저들이…?
진화했다고?

네!

아디오스,
갈라파고스.

그래서
함장님이 뭐라고
하셨어요?
"그건 신성모
독이야, 찰스."

그걸 꼭
밝혀내겠어.

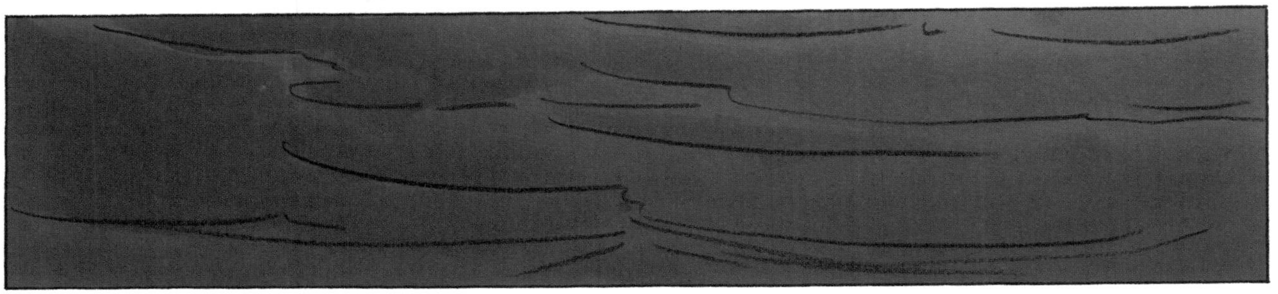

1835년 10월 20일, 갈라파고스를 떠남
태평양이라고 잘못 이름 지은
이 험난하고 광활한 대양에서
3천 마일이 넘는 긴 항해를 시작했다.
며칠 순풍이 불어와
우리는 혹독했던 남반구의
겨울을 무사히 벗어났다.

청명한 날씨. 우리는
무역풍을 받으며
시속 150마일이 넘는
속도로 매일 항해했다.
기온은 밤낮 쾌적했다.
1~2도만 높았어도
후덥지근했을 것이다.
나는 뱃멀미가 뜸해져서
여행을 충분히 즐길 수 있었다.
모순되게도 영국에서 가장 먼
타히티 섬에 다가갈수록,
귀향이 기다려지기 시작한다.
몇 달간 유랑을 하면 마침내
고향땅으로 돌아간다.
곧
타히티다.

1835년 11월 15일, 타히티

제5장
태평양~오세아니아
코코스 제도~남아프리카
영국
다윈, 천문학자 허셜을 알게 되고
마침내 고국으로 돌아가다.

1836년 5월,
남아프리카 케이프타운

아, 다윈 선생님!
어서 오세요!

따라오시죠,
허셜 선생님께서
서재에서 기다리십니다.

오,
그 유명한 탐험가
찰스 다윈!
'유명'하다고요?
허셜 선생님,
별 말씀을요!

존이라고 불러요! 이곳은
영국과 멀리 떨어져 있지만,
이미 당신의 명성과 업적에
대한 이야기가 자자합니다!

업적이라니, 과찬이세요!
소개장도 없이 불쑥 찾아와서
선생님을 만나 뵙지 못할
거라고 생각했어요.
이제 선생은 과학자들
사이에서 소개장 따윈
필요 없을 겁니다!
TAP
TAP

* 토닥토닥

갑시다, 마거릿이
특별한 저녁식사를 준비
했어요. 선생의 여행 이야
기가 듣고 싶군요!
하하하! 전 선생님의
해박한 천문학 지식을
배우러 왔습니다만,
정 원하신다면요!

아! 정말 맛있게 먹었어요!
저 같은 선원에게 이런
진수성찬을 대접해주시다니,
감사합니다!

찰스!
아주 흥미진진한
여행이네! 굉장한
발견을 했어!
평생 연구할
거리들이
넘치겠군!

네, 맞아요,
당장이라도 돌아
가서 연구를 해야
할 것만 같아요…
이제 소화시킬 겸
간단히 산책을 하면
좋겠는데, 어떠세요?
하하하!
그거 좋지,
나가자고!

천문대가 바로
정원 안쪽에 있네.
가보세.
제 여행에 관해서
선생님이 하신 말씀에
전적으로 동의해요.
여행에서
확연히 달라져서
돌아간다는 것을
실감하거든요.
관찰을 하면서,
정말이지 놀라운 생각
들을 하게 됐어요.

영국에 돌아가는 대로,
그것들을 실험을 통해
밝혀내고 말 거예요.
할 일이 끝도 없어요!

다 왔네.
우와!

엄청나요!

그래, 유용한
도구지. 덕분에 훌륭한
성과를 거두고
매일 밤 새로운 별을
발견하네.
한번 보게나.

한없이 빠져드네요.
밤마다 이런 장관을 보신다니 정말 부러워요…
선생님께서도 성경 말씀처럼 하늘이 태초의 모습을 간직하고 있다고 생각하세요?
수많은 별들이 영원히 변하지 않는다고?

아, 폭넓은 질문이군. 알다시피 이미 천체의 충돌이 관측됐네.
'늙은 별'의 소멸을 믿는 사람들도 있고…

관측을 하면 할수록 모든 게 훨씬 '복잡하다'는 확신이 들어.

훨씬 오래된 게 틀림없어! 저 밤하늘은 흘러가는 시간을 견디며 계속 변하는 거야…
몇몇 이단적인 천체학자들이 지구의 나이가 수만 년이라고 말하지. 백여 년 전 뷔퐁이 주장했던 거야.
개인적으로 그들이 저평가되었다고 생각해. 자네에게 혼란을 줄 수 있으니 이만하겠네, 찰스…

그런 생각을 하신다니
듣던 중 반가운
소리네요, 존!
안타깝게도
여전히 불경하게
여겨지지만…
5년간 세계를
여행하면서 저 역시
똑같은 생각을 했어요.
문제는 시간이에요! 신학자들은
지구의 나이가 6천 년에 지나지
않는다지만, 제가 관찰한 바에 따르면
그들이 틀린 셈이죠!
전 안데스 산맥의
가장 높은 산 정상에서
화석이 된 조개껍데기들을
발견했어요.
수천 년 전 멸종된 정체불명의
동물 뼈도 발굴했고요…
땅이 흔들리다가, 마치
뜨거운 우유를 적신 비스킷처럼
바닷속으로 가라앉는
장면도 목격했어요.
땅을 파면 팔수록
옛 지층이, 옛 사건의 흔적이,
더 오래되고 복잡한
역사의 증거들이
발굴돼요.
제가 오스트레일리아에서
본 계곡은 성경 말씀대로
수천 년의 침식으로
이루어질 수 없을 만큼
광활했어요.

몇 주 전에는
코코스 제도의 한
신비로운 환초에 갔는데,
마침내 산호초의
생성에 관한 비밀을 알아낸
것 같아요. 아시다시피
과학적 수수께끼였죠.
비밀은 역시
시간에 있어요.

처음에 화산이 분화하면서
산이 형성되는 거예요.
화산이 활동을 멈추면
산호초가 조금씩
산의 가장자리에 착생하죠.
산호초는 생장할 수
있는 따뜻한 물에서
자라요.
하지만 시간이 흘러
섬이 점차 침강하면, 산호초는
위로 자라야 살 수 있어요.
결국에 화산은
환초 한가운데에
분지 형태로만 남겠죠.
그렇게 수천 년 된
화산섬에서 환초만
남는 거예요.

언젠가는 환초도 아무 흔적 없이 바닷속으로 가라앉지 않을까요?
별을 보면서 산호초에 대해 말씀드리는 것이 아마 의아하실 거예요.
저는 믿어요. 우리가 지질학자의 시선으로 세상을 다르게 관찰한다면, 땅의 모습이 계속 변한다는 사실을 알게 될 거라고.
땅은 서서히 만들어지는 거예요. 바람, 물, 지진, 그 밖의 다른 모든 것들의 작용에 의해서!
또 산호같이, 이 땅에 살아가며 이 땅을 일구는 존재들에 의해서.
선생님께 저의 이론과 제가 세계를 여행하며 갖게 된 놀라운 생각을 말씀드리자면,
저는 생물들 역시 만들어진다고 믿어요. 그들이 살아가는 장소와 시간에 의해서…
우리 유한한 인간이 느끼는 시간은 지극히
미미하죠.

하지만 시간은 오랜 세월에 걸쳐 대대로 모든 것을 바꿔놓아요.

우리는 무모하다는 공통점이 있군, 찰스 다윈.
내가 심오한 우주의 신비를 알아내려 애쓴다면,
자네는 아득한 시간을 이해하려 애쓰는군.

비글호에 승선한 소녀가 있었어요.
아주 똑똑하고 총명하기까지 한 어린 인디오였죠.

여행이 또 하나 가르쳐준 게 있어요. 티에라델푸에고 원주민들, 타히티인들, 오스트레일리아 토착민들, 마오리인들과 지내며 알게 됐죠…
저는 인간이 본디 다르다고 생각하지 않아요. 모든 게 문명과 관계된 일일 뿐이죠.

소녀가 어떻게 되었는지는 몰라요. 어둠과 시간 속으로 사라졌거든요.
때때로 궁금해요.
소녀는 자기 부족과 고향땅에 돌아가서 잘 적응했을까요?

운명의 힘에 이끌려 피츠로이 함장님과 비글호의 여행길에 오르지 않았다면, 소녀의 인생은 어땠을까요?
함장님은 소녀에게 '푸에기아 바스켓'이란 이름을 지어줬어요.
전 소녀의 진짜 이름을 전혀 몰랐죠.

소녀는 두 번이나
자신의 터전에서 뿌리 뽑혔어요.
처음에 아주 어린 나이에
영국인들에게 납치되고 나서,
또다시 그들에 의해
알지 못하는 한 나라에
버려졌죠…
사랑했을지
알 수 없는
한 남자의 품에.
소녀는 무엇을
바랐을까요? 아무도
묻지 않았어요.
소녀가 영국으로
돌아온다면? 그래서
아이들을 낳는다면?
그 아이들은 분명
티에라델푸에고에서
태어났을 아이들과 다를 거예요.
그러다가 돌연,
소녀에게서 새로운
인류의 혈통이 생겨난다면?

저는 예컨대
그 소녀를 떠올리며, 수많은
인간의 별처럼 모든 삶과 우연,
운명을 상상해요.
한번 생각해보세요,
과거에 작용했을
모든 우연들을,
소녀에게…
우리에게요, 존.
태고의 어둠 속으로
사라졌지만 현 인류를 탄생시킨
모든 존재들.
구불구불한 인생길,
그 속에 놓인 무수한 갈림길,
마치 별까지 뻗어 있는 전설적인
생명의 나무 위그드라실의
가지들처럼
혹은 코코스 제도의
산호들처럼.

하지만 소녀는 영국에서 아이를 낳기도 전에 죽을 수 있겠죠?
저 언 땅에서 이미 목숨을 잃었을 수도…
절대 알지 못할 거예요.

고마워요, 존, 별하늘 아래 이토록 경이로운 순간을 보내게 해줘서…
이제 뭘 할 생각인가, 찰스?

이제요? 이제 집으로 가야죠.

할 일이 있어요.

1836년 10월 2일,
영국 팰머스
다 왔네, 찰스,
무사히 고국에
도착했어.
드디어
돌아왔어!

1858년 6월 18일, 다시 다운하우스

와, 굉장했네요. 이제 그림 그리러 가도 되죠?

어… 그래, 물론이지.

나 왔어요.
엄마!

여보, 당신한테 온 거예요.